GYM 健身空间的设计 Space Design

CUN 寸匠 /
中国建筑与室内设计师网　编

辽宁科学技术出版社
· 沈阳 ·

前言

大家好，我是崔树。

2018年下半年的某天，辽宁科学技术出版社编辑通过寸匠找到了我，说希望寸匠能够协助共同出版一本健身空间设计作品的合集。当时通过电话和微信我们进行了初步交流与沟通，对共同出版一事很快达成共识。再后来，出版社的编辑特意安排行程来到北京，与寸匠负责此项目的同事一起就出版工作的方方面面细节进行了充分沟通和确定，此后一切就都按计划一步步落实和实现着。到了今天，终于可以将此书呈献给大家，甚是欣喜。

寸匠致力于为年轻设计师发声，因此，我特别推荐在健身空间领域一直有着研究和实践的寸匠事业合伙人、方尺设计（F Space Design）的创始人方飞，来为本书撰写前言。

如下内容为方飞对健身空间领域的思考和实践总结。

作为针对目前国内健身空间设计作品的图书之一，无论是对设计从业者的我们，亦或是致力于健身行业的商业人士，甚至普通的健身爱好者，都是极具趣味性、参考性和引导性的事情。这样图书的诞生，和目前国内欣欣向荣的健身事业、商业环境密不可分，同时也将设计师们所感受到的兴奋与挑战，润物细无声地融入了其中。

我国的商业健身行业起步较晚，目前正处于不断发展的上升期。改革开放后健身运动才逐渐受到中国消费者的追捧，发展至今，最近几年的商业健身在国内以空前的速度发展繁荣，随着门槛的降低和经济水平的提高，健身不再是一件“奢侈”品。较高的生活水平是居民系统性从事健身运动的物质基础，同时作为高层次消费，一方面消费者能够负担健身器械、鞋服、俱乐部会员等支出，另一方面消费者有足够的闲暇时间以及塑形的意识锻炼身体。当下时代人们对生活的理解与追求更多地从单纯的“娱乐”转换到了“健康”与“正确的生活方式”上，消费者最初的意识只满足于运动和健身的基本需求，如今，更多地追求的是健身空间的舒适度、合理性以及社交功能。

因此，大众不难发现国内的健身房不再千篇一律，从材质到色彩，从器械布局到动线分布，亦或是从奇思妙想的主题性立意，都已成为消费者在选择商业健身品牌时的重要考量指标，这对于商业健身空间设计来说也是机遇和挑战共存的时机。专业的商业健身空间设计，需要考虑的不仅仅是空间的造型、材质和色彩，而往往需要从最根本的需求与目的分析每一位甲方和体验者所期待的效果。如何将空间与主题、健身功能与空间舒适度完美融合，设计师不仅仅需要站在甲方的需求点上考虑商业问题，也需要站在消费者的立场来考虑空间的设计。比如，怎样的空间动线是健身者舒适和便利的？怎样的色彩搭配可以唤起运动的激情和欲望？怎样的品牌植入和 VI 强调可以让每一位会员过目不忘？甚至如何做到让第一次在销售带领下参观整体空间的顾客流连忘返，从而认定这就是顾客自己心目中理想的健身空间。

在过去 2 年时间里，我和设计团队的伙伴们，通过对国内外健身空间的走访、考察和学习，对商业健身空间设计的理解日趋成熟。我们做了些这方面的总结，比如，主题性是商业健身空间设计的特点，动线合理性与色彩舒适性是健身空间设计的基础，空间分隔与利用是设计的难点，必要的视觉冲击是健身空间的点睛之笔等。我们在对不同甲方、不同体量健身场景的探讨和空间设计的思考过程中，不断经历着创建、学习、推翻、重塑的过程。

如开篇处所言，这是一本专门针对健身空间设计作品的合集，在过去，空间设计师们分散于全国各处，从事和完成着各自的项目，除去个别情况下设计师之间有机会短暂交流与沟通，绝大多数情况下大家都是各忙各的，对于行业、市场、趋势、作品等实则甚少深入探讨。这次有这样的机缘，甚是开心和欣慰：一方面这本作品合集，让设计师们能够十分方便地了解到国内目前较好的作品和设计师团队情况；另一方面甲方也能更加直观地了解到目前国内优秀健身空间的具体情况；而对于普通大众来说，这同样是一本可以很好地了解健身空间和健身生活方式的参考书。

最后，在一路的健身空间设计历程中，十分感谢各方的支持和包容，感谢众多甲方的理解、信任和支持，感谢消费者最终的认可，同时也感谢各位前辈、老师以及同行朋友们的不吝赐教。特别感谢出版社里每位为本书能够顺利出版而默默付出的朋友们。希望各位读者可以在这本书中感受到我们的诚意和努力。

寸匠创始人

寸匠事业合伙人

方尺设计（F Space Design）创始人

推荐文

非常荣幸哲道传媒能为《健身空间的设计》写推荐文，中国建筑与室内设计师网旗下的哲道传媒作为行业中做健身空间设计大赛（IWF 健身空间大赛）之一的公众媒体，三年大赛也陆陆续续收到非常多的优秀作品，让人欣喜的是健身空间设计也越来越受到重视。

相比于商城、办公室、家居空间的设计，健身空间设计是最近几年才开始流行起来的，纵观经济飞速发展的几十年，可以发现这一趋势的有趣所在。

为了盈利促销而重视的商业空间设计；为了提高工作效率、体现公司人文关怀而逐渐新潮的办公空间设计；为了提高自身生活质量而追求舒适与美学的家居空间设计……从经济适用上升到更加人文艺术的层面，是一个历史变迁中追逐利益与寻找自我的过程。

而健康（甚至是健美）终于摆到了一个在人们心中比较重要的位置。

在大数据时代的今天，这一直观现象甚至体现得更加明显，健身房的出现如雨后春笋，而健身真的是健身吗？其实不是的，健身本质是一种体验——或许可以这么说，我们将步入一个新的元年，我们将与自己对话，与精神对话，深入内心，探索我们想要的自我。

当健身成为一种时尚，健身空间设计自然要跟上时代的步伐。本书收录的优秀作品既有知名设计师的早期健身空间设计，可以看到走在时代最前端的思考；也有最新的比较成熟的奇思妙想，打破传统健身的空间设计幻想；年轻一代设计师对于同龄人需求的探索与尝试……

健身空间需要的不仅仅是合理出色的功能区划分、令人愉悦的颜值，更主要的核心价值是健身所倡导的生活方式，这也是一个健身品牌的延展价值，才能让你长久经营下去，并逐渐形成一种品牌文化。

但这并非一朝一夕就可以达成的，这需要设计和营销的长久运营，设计定义了一种表达，这种表达会让接触的人耳濡目染，并在心中形成一种印象，而印象的定位取决于设计的含金量，这就是设计在经营中的价值。

这种创新发展在短短几年就已经有一种百花齐放的多样性，这是一次早期萌芽的历史见证，未来健身空间设计将会有怎样的发展，我们拭目以待。

China-Designer.com
中国建筑与室内设计师网
哲道 JKC MEDIA

设计师寄语

“此时此刻，与外界隔绝，在这个特定的时空和自己交流，关注当下，这一个小时专属于你。”——这就是优秀的健身空间给你的独特体验。

从 2013 年开始国家出台各类政策大力支持体育健身产业的发展，社交媒体和网红打卡使健身空间的曝光率不断增加，消费的不断升级，健身品牌的理念、颜值、受欢迎程度，成了各大品牌在商业空间争夺有利位置的核心竞争力。

大量的资金投入到健身空间，给开始专注这个领域的设计师们创造了一个绝佳的时机，随着经验的增加，设计师团队优秀的作品也越多，空间帮助品牌不断升级，给健身品牌带来更多商业价值。

这里为大家呈现的是 20 余位富有魅力和对健身空间设计有独特理解的设计师作品集，记录了近年来健身空间设计的成长，这是一场长达 300 多页的视觉盛宴。

梁琴
翼邸（上海）空间设计（EDEN INTERIOR DESIGN）
创始人、设计总监

目录

ME+ 梦想健身工作室

项目地点： 江苏，苏州
设计机构： CHAO 苏州巢羽设计事务所
竣工时间： 2018 年
项目面积： 195 平方米
主要材料： 金属板、涂料、方管、金属网
摄影： 周松（SONG PHOTOGRAPHY）

梁飞 、王星 / 主创设计师

梁飞，2014 年毕业于南京艺术学院建筑动画专业，苏州巢羽设计事务所合伙人、创意总监。

王星，2013 年毕业于苏州职业大学环境艺术系，苏州巢羽设计事务所合伙人、艺术总监。

背景

ME+ 梦想健身工作室是一家以私教为主的小型健身工作室。

让未来的你，
尊重现在拼命的自己。

动线

作为一个不大的健身空间，功能区分为有氧区、体能训练区和多功能操课区，而配套的快速更衣、休闲吧台、接待、淋浴一样不少。

空间处理上，为了凸显空间的健身氛围，强化空间属性，在有限的造价控制下，我们最大化保留空间的原有结构，裸露的顶、裸露的管线、裸露的管道等，我们通过灯光和色彩的处理，让空间重新焕发新的活力。金属瓦楞板和金属网等金属材料，使空间与健身的硬朗属性相互匹配。而爱马仕橙和深灰色的色彩组合，在保留品牌元素的前提下，使空间变得更加动感和神秘。

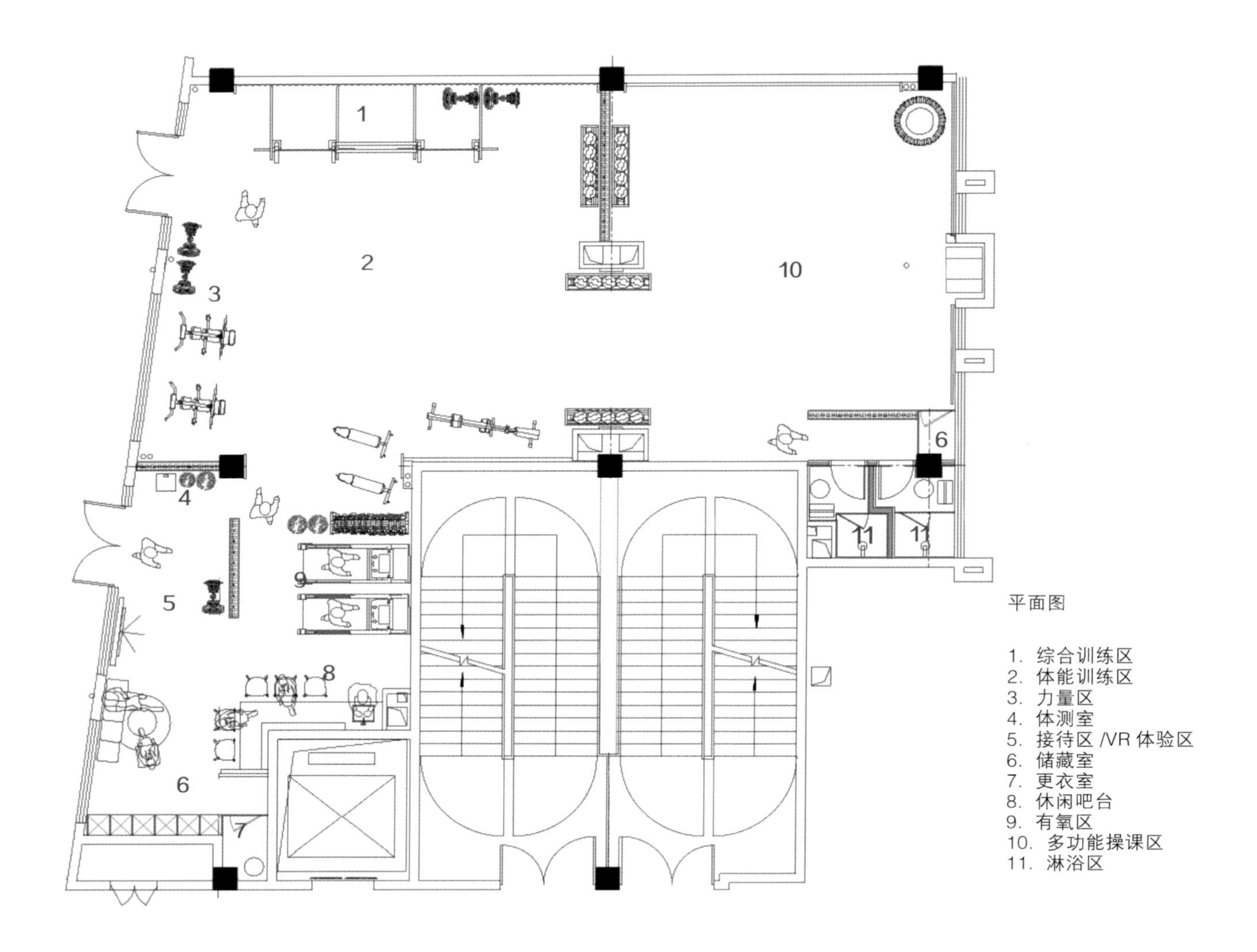

平面图

1. 综合训练区
2. 体能训练区
3. 力量区
4. 体测室
5. 接待区 /VR 体验区
6. 储藏室
7. 更衣室
8. 休闲吧台
9. 有氧区
10. 多功能操课区
11. 淋浴区

蜕变

灯光上，两条长条的定制灯，延伸整个空间。体能训练区错落地布置了条形灯，在严谨硬朗的空间之下，透露几分随意。而为了在健身空间内体现功能区域的多功能性，考虑到用户在训练过程中对于光的敏感度，项目采用轨道射灯和条形灯结合的方式，满足不同场景下的灯光使用。在营造氛围的同时，兼顾功能的实用性。

DREAM FITNESS STUDIO

CROSSFIT
CROSSFIT

25 KG
25 KG

让未来的你，
尊重现在拼命的自己。

对话主创设计师梁飞、王星

Q1：现在国内流行健身热，涌现了大量的健身空间，在设计此类空间时，最先考虑的因素是什么？最应该注意的是什么？

A：我们觉得每个健身房都有自己独特的业态和主营产品，商业空间的设计应该立足于商业产品本身，空间的设计应该凸显产品的属性，而不是一味地复制和套用，应深入地了解健身房本身的定位，这包括人群定位、价格定位、产品定位等。

Q2：有哪个健身空间项目是你们觉得最欣赏的？

A：超级猩猩的上海来福士店，我们的印象是比较深的。比较前沿的设计手法，在注重功能的同时，也是一种创新性的空间表达。

Q3：健身空间相较于传统的功能型健身，越来越往社交、休闲方向发展，你们觉得近几年健身空间的设计会有如何突破和转变？

A：我们觉得近几年的健身空间会更关注健身产品的有效性以及服务和环境体验。一个有效的健身产品、人性化的服务和空间环境的升级才会越来越受市场的欢迎。

Q4：科技的发展正在改变着人类的行为习惯，在健身空间的设计上，你们会有哪些思考？

A：健身行业其实也在随着科技的发展而不断提升，比如手机约课的方便性等。健身行业本身的运营也在向数据化上转变。比较好的健身品牌都会根据健身客户身体指标的变化，在大数据的记载下，安排行之有效的针对性健身方案。而且，在这种方案下，健身效果也变得越来越高效。

Q5：好的设计不仅要符合市场，还要尽量为客户创造最大市场价值，你们如何在健身空间设计中让商业价值最大化？

A：商业价值的最大化其实不在于每个面积都被安排得很满，不是器械越多，品质越高。长沙健萌健身就是一个例子，也是我们的客户之一，他们更加注重空间的尺度感、品质感，在人性化的服务背景之下，越来越多的客户对健萌品牌产生信赖。研究各个健身品牌的产品属性、商业定位，做合适的空间布置安排、功能安排，才能让其商业价值做到最大化。

Q6：考虑到健身空间设计的特殊性，你们认为相较于其他传统类型空间有哪些方面是需要重点考虑的？

A：我们觉得健身空间本身其实就是属于商业空间的一部分，每个商业空间都需要注重产品和定位。一个空间具有什么样的功能区、人的动线如何安排，包括空间整体的氛围、材料灯光的选择会对人在空间中产生行为动作的影响，都是需要重点考虑的部分。

Q7：一个好的设计完成离不开甲乙双方的理解和配合。你们在设计过程中如何解决与甲方沟通问题，并送一句想说的话给甲方？

A：我们做每一个空间的设计，都是把视角立足于客户，立足于甲方。设计是个权衡的过程，而我们也一直在努力寻找最优的空间解决方案。一个好的设计师都是在为甲方解决问题，做好作品。希望甲方能够多理解多支持。同时，也希望甲方能够给足设计费，让我们能够专心研究空间，专注空间设计。

Q8：设计师在健身房行业除了设计健身房之外，对于一个健身房品牌的塑造起到了怎样的作用？

A：我们觉得空间设计也是品牌设计的重要一部分，二者是相辅相成的。

一个好的品牌，一定是注重产品本身和体验。而空间的设计就是体验的重要部分。我们操作了大量的商业空间的设计，也见证了品牌在我们的空间设计之下，焕发新的生命。健身空间也是如此。

Q9：健身房是一个折旧比较严重的场所，你们在做设计的时候如何解决健身房长久使用的折旧损耗问题？你们的设计是否让健身房经营者在后期的维护上更加简单轻松?

　　A：是的，我们在做健身空间设计之前，都会与业主沟通好投入预算以及这个店面在健身行业扩张过程中需要的时效性。大多的项目设计都会根据这些背景选择合适的材料。耐清理、长久的使用、崭新性都是我们在设计过程中考虑的问题。

PARK 11 健身公园

项目地点： 云南，弥勒
设计机构： 方尺建筑环境艺术设计有限公司
竣工时间： 2018 年
项目面积： 室内 2300 平方米，室外 1700 平方米
主要材料： 不锈钢板、石膏板、玻璃、乳胶漆
执行设计： 杨晓林
辅助设计： 朱兴鹏、方春红、吴鹏
摄影： 形在建筑空间摄影、贺川
设计风格： 现代 LOFT

方飞 / 主创设计师

毕业于云南艺术学院，后进入清华大学美术学院进修环境艺术设计。曾在母校任教，任教期间有幸进入恩师创立的设计公司。现为方尺空间设计事务所创始人 & 总设计师。

背景

卓别林有句名言："对于一个艺术家来说，如果能够打破常规，完全自由进行创作，其成绩往往会是惊人的。"我很喜欢这句话，所以，打破常规、创意求新，是我们这个时代最独特的表达。PARK 11 地处弥勒市新城区市中心的繁华地带，是全弥勒市乃至云南省体量最大、功能最全的健身房。设计师出于对创意和设计的追求，摒弃了一般的既定思维，将运动与风格结合，以带有 LOFT 工业风的设计为人们规划出另一种伸展身体的空间。

11
PARK

动线

走出电梯，就能感受到来自力量与美学组成的视觉冲击。入口处以红色与深灰色作为基调，线条分明的光带纵横其间，形成线与面的和谐交织，不仅让通道显得宽敞开阔，也洋溢出活力与激情，第一时间抓住顾客的眼球。

设计师将空间尽可能地开放，使用颜色、材料、环境图形和照明来定义每个特定的功能区域。它们动静有别却又彼此相连，既有效解决了通风采光问题提升顾客体验感，又为人与人之间的相互交流创造机会。

操课室采用大面积暗色玻璃环绕，调节室内外光线的同时，也对顾客的隐私起到了一定的保护作用。教室内的地面对冷暖色块进行了大胆的拼接，极致的碰撞给人以力与美的极致想象。

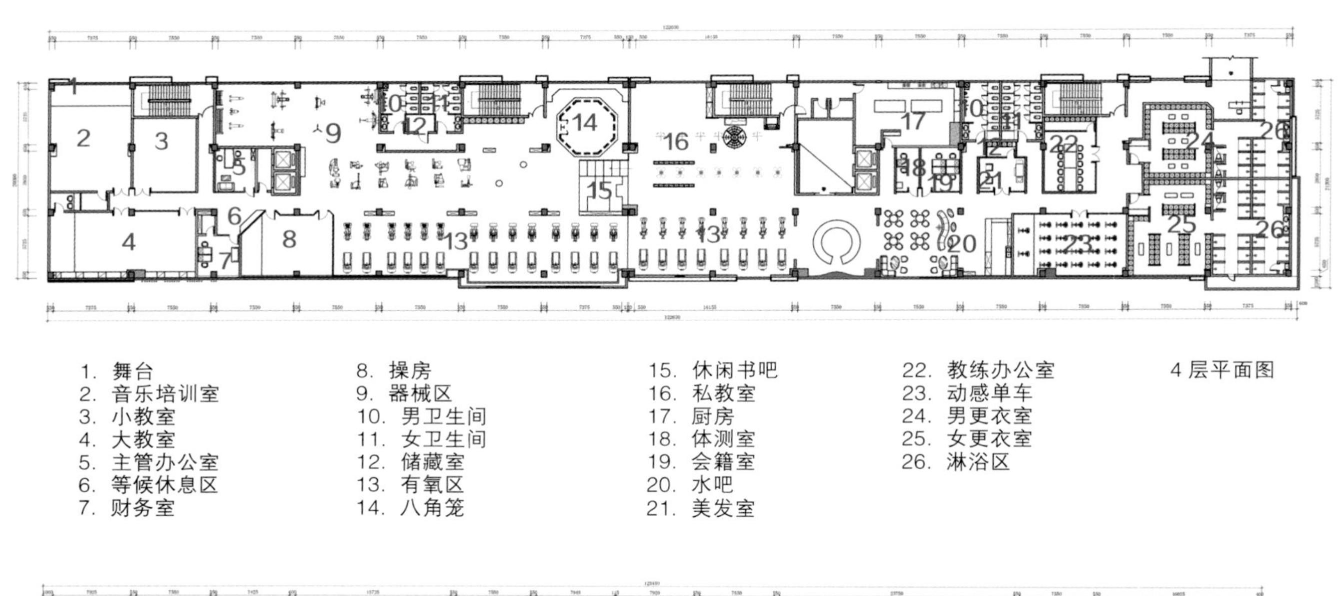

1. 舞台
2. 音乐培训室
3. 小教室
4. 大教室
5. 主管办公室
6. 等候休息区
7. 财务室
8. 操房
9. 器械区
10. 男卫生间
11. 女卫生间
12. 储藏室
13. 有氧区
14. 八角笼
15. 休闲书吧
16. 私教室
17. 厨房
18. 体测室
19. 会籍室
20. 水吧
21. 美发室
22. 教练办公室
23. 动感单车
24. 男更衣室
25. 女更衣室
26. 淋浴区

4 层平面图

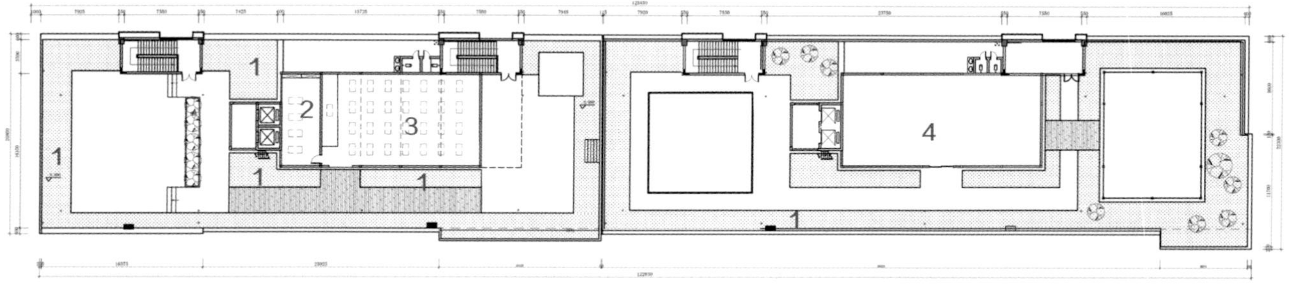

1. 绿化
2. 普拉提室
3. 瑜伽室
4. 大操房

5 层平面图

更衣室的设计主要以红色和白色为主，辅以不锈钢包边的大块穿衣镜，让整个场景尽可能地明亮通透。柜子宛若琴键的交错布局，满足使用功能的同时，也为整个空间增添了趣味亮点。

蜕变

红白相间的圆柱咨询台，外观简洁而充满个性态度。加上黄色方块装点墙面置物区，跳跃感极强，可以带动氛围，吸引目光。沿着环形吊灯点亮的廊道向前，便会看到闪耀着金属光泽的服务台，从视觉和心理上就实现了空间的差异性转换。来源于 LOGO 的红色是活力的象征，冷光源的运用也使健身运动更酷、更有激情。

特制的点状光源和线状光源，在天花自由交织，富有动感，营造出丰富的光影效果和空间层次。开放式天花和外露的设计，需要对管线的排布进行重新组织，高低错落间体现出一种最质朴的工业美学。这是对浮华装饰的回避，是对建筑空间最本质的体验，更是对健康环保的国际化设计潮流的顺应。

A
PARK
11

对话主创设计师方飞

Q1：现在国内流行健身热，涌现了大量的健身空间，在设计此类空间时，最先考虑的因素是什么？最应该注意的是什么？

A：在设计此类空间时，我相信甲方花钱找我做设计是希望物有所值，但是设计健身空间时除了科学合理布局规划以外，本身是没有太标准的答案，有时候我们会向甲方推荐一个不错的方案，但很多时候他们往往又会去选择我们不太看好或者不太适合他自己的方案，让我们有时候高估了甲方的需求，所以不管什么设计因素，往往能打动甲方的设计都应该是好设计，这个应是最先考虑的因素。最应该注意的是甲方的需求、消费者的群体、空间的定位、市场的稀缺，其实总的说来还是得把甲方放在首位，以此来结合自己的设计理念。

Q2：有哪个健身空间项目是您觉得最欣赏的？

A：石家庄立峰超越健身房，上海的超级猩猩（SUPER MONKEY）；国外的迪拜 WAREHOUES，马德里的 CHEMO 等。其实他们都在用简单的材料去塑造甲方的需求，在表达健身空间时很有张力，从而回归健身房的原始功能，我喜欢这样的健身房。

Q3：健身空间相较于传统的功能型健身，越来越往社交、休闲方向发展，您觉得近几年健身空间的设计会有如何突破和转变？

A：其实还是定位吧，不论如何突破和转变还是得回归到定位甲方的需求，也不论现在很多的各异风格突起，我认为大方向上都是取决于甲方审美的提高。当然了，在设计上的转变我认为更多的是在于如何把“健身的人”与“不健身的人”结合的更好，甚至还有同行之间的竞争吧。健身空间在设计上只会越来越服务于人的健身状态时的心理感受和认知。在设计上也只会越来越好，包括材料的运用上，设计风格上越来越新颖。

Q4：科技的发展正在改变着人类的行为习惯，在健身空间的设计上，您会有哪些思考？

A：其实在设计健身空间时，它服务的群体不是很多，去健身的人只是一小部分。所以往往我们在接触一个健身空间时，都会去调研他所服务的群体、健身品牌的定位，从而达到客户的需求。但我们也会去思考，健身空间是否能像餐饮空间一样完善到整个体系的植入给人们带来不一样的体验，例如品牌的整体包装，突出专业性、系统性及策略性等，我想这些是我们应该要去思考解决的，会让健身房变为更加智能化，健身理念更加平民化。

Q5：考虑到健身空间设计的特殊性，您认为相较于其他传统类型空间有哪些方面是需要重点考虑的？

A：一是市场变化大，随着消费水平的提高，我们不知道今后的健身是否能和家庭办公一样，在家里就能健身，所以我们要不要去转变思路解决健身房今后面对的人群。二是新的技术，这个不管是健身项目还是其他项目，我一直坚信设计是要源于不断地学习，才能实现低成本高效益。三是工艺材料的变化快，健身房可能对于其他空间在材料的选择上不是那么的花哨，但也需与时俱进。

Q6：一个好的设计完成离不开甲乙双方的理解和配合。您在设计过程中如何解决与甲方沟通问题，并送一句想说的话给甲方？

A：其实和甲方沟通问题，往往在中间会有一个牵引媒介，那就是改稿，但往往改稿有三种情况：一种是技术层面的改稿，另外一种是客户设计方向概念的改变，第三种可能就是客户叫你改稿了。其实我们要避免后两种的改稿。还是先要确定设计策略，概念方向，明确责任，也不要太听命于客户想改就改，设计稿如果被改上十几遍，其结果可想而知，精益求精是设计师的职业要求，跟甲方博弈是一生的职业素养，在这个问题上我想从当设计师直到老去的那一天，这是个要用一辈子去解决的难题。送一句话嘛，谢谢甲方不杀之恩，让我少改点稿。

Q7：设计师在健身房行业除了设计健身房之外，对于一个健身房品牌的塑造起到了怎样的作用?

A：一是设计的营销者，单单对于健身品牌我们可以根据室内、视觉、VI来给品牌加以包装，使得健身房品牌文化更为巩固。二是健身房设计的先导者，设计本身是一个可视化的过程，健身房也一样，我们需要呈现让消费者喜欢的东西。健身房终归是要回到它的本质的，也就是依附健身来获取营业，而设计师从中所扮演的角色是复杂且单纯的，对健身房品牌的塑造起到了更为巩固可靠的作用。

Q8：健身房是一个折旧比较严重的场所，您在做设计的时候如何解决健身房长久使用的折旧损耗问题? 您的设计是否让健身房经营者在后期的维护上更加简单轻松?

A：这也是我们一直都在讨论和思考的问题，例如健身房器械区地垫的选材上，我们会使用较厚的材料，但这样一来成本也会随之提高。在后期的维护上更为简单轻松这是肯定的，在选材上都会根据设计选择一些相对于更好打理的材料。

上海 MOB 健身会所

项目地点： 上海，徐汇
设计机构： 上海潘悦建筑设计事务所
竣工时间： 2018 年
项目面积： 2800 平方米
主要材料： 运动地胶、水泥漆、三立照明、穆立家具、水泥板、墙地砖、超白烤漆玻璃等
深化设计师： 杨杨
软装设计师： 赵健
助理设计师： 洪玉洁
摄影： 张大齐摄影工作室
风格： 现代时尚

潘悦 / 主创设计师

80 后室内设计师，年轻时当过兵，转业后从事设计工作 16 年，毕业于意大利米兰理工大学、意大利布雷拉美术学院，2007 年创建上海潘悦建筑设计事务所，现任设计总监及 CEO。坚信只有设计才能改变生活，作品时尚并富有理想，设计综艺节目嘉宾。

背景

在本案健身空间设计中一直秉持着站在经营者的角度去为他思考如何让顾客更愿意来体验健身空间，在顾客与经营者中他们的矛盾如何降到最低点，顾客的体验感如何更好的提升，经营者的费用如何降到最低和经营过程中更多的产出额外收益等几个问题展开设计思路。

THERE IS NO OVERHANGING
MOUNTAIN,
NO SEA CROSSING

动线

本案中提出了三个设计关键词：功能合理；动线舒适；独有的辨识度。在风格上采用混搭型设计，脱离了纯粹的风格套路，以无设计为有设计的目的。我们在设计风格的定位可以说是健身设计的华彩乐章，是以目标消费群的审美需求和欣赏品位为设计根本，以经营内容为设计准则，经过周密细致的前期调研与准备而进行的设计风格定位。本案空间中的“健身、文化、情趣、品位”强调的就是设计风格在商业空间中的具体体现，从而突出方便性、独特性、文化性和灵活性的原则。

蜕变

本案空间中的色彩是健身空间设计中最重要的元素之一。我们觉得一个健身空间设计总是有着令人满意而又深刻的色彩效果，而错误的色彩选择常常是造成精心策划的设计失败的原因。色彩是进行设计的重要工具之一，它能够改善空间的视觉感受，使一个空间的尺度在视觉上发生变化。编制色彩计划是一个综合性的问题，需要经过一番深入的研究才能达到得心应手的境界。不存在一个绝对的规则可以用来支配色彩的搭配，但经验积累而成的种种建议则能带领我们最终做出不同效果的

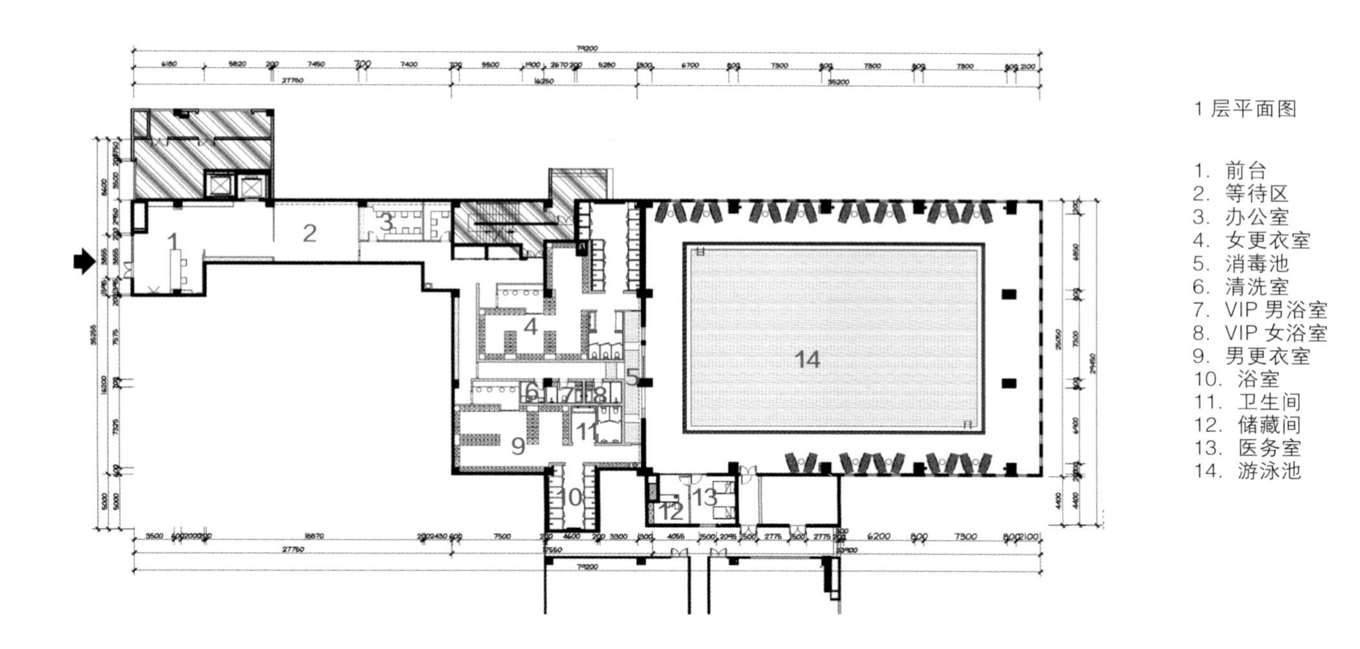

1 层平面图

1. 前台
2. 等待区
3. 办公室
4. 女更衣室
5. 消毒池
6. 清洗室
7. VIP 男浴室
8. VIP 女浴室
9. 男更衣室
10. 浴室
11. 卫生间
12. 储藏间
13. 医务室
14. 游泳池

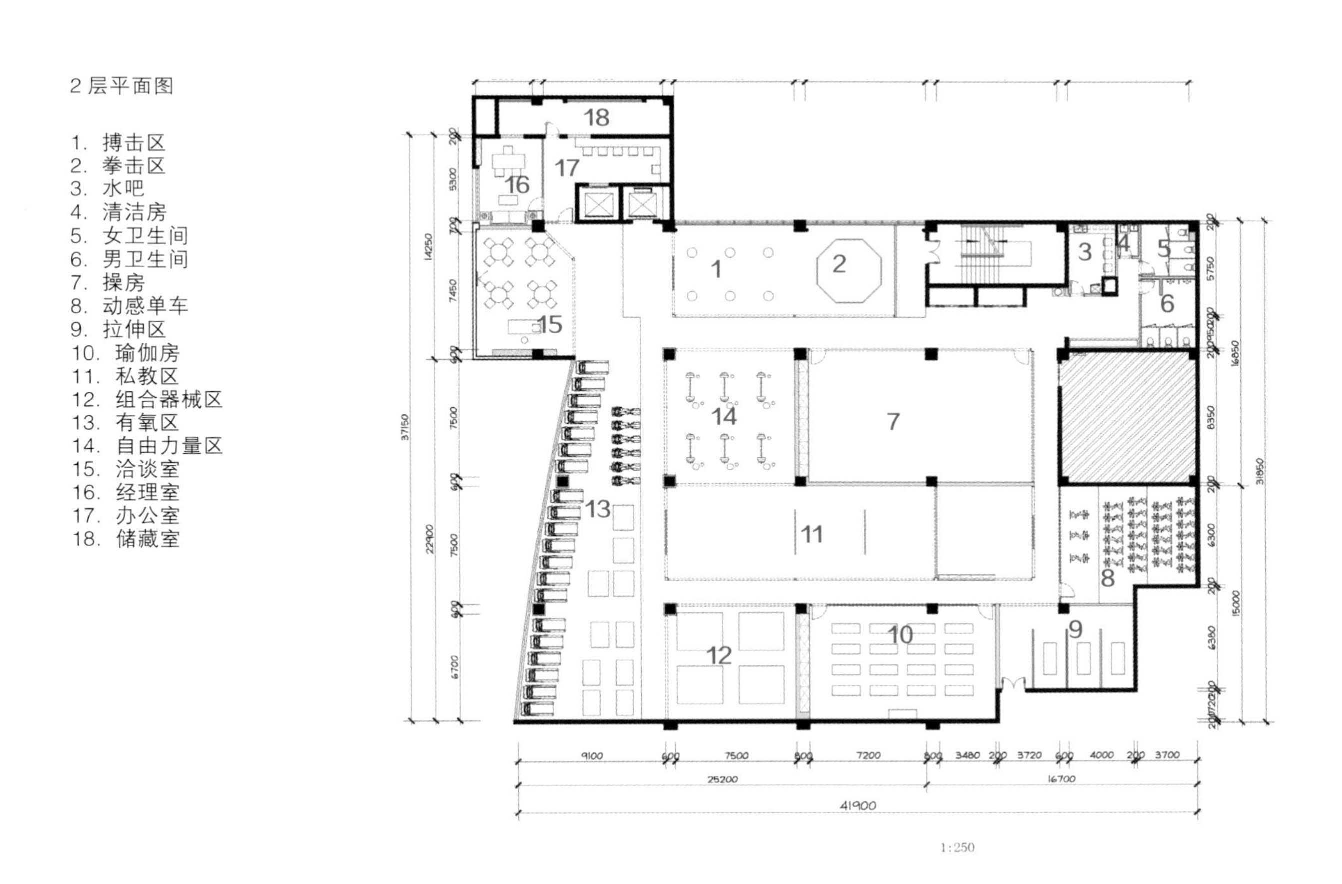

2 层平面图

1. 搏击区
2. 拳击区
3. 水吧
4. 清洁房
5. 女卫生间
6. 男卫生间
7. 操房
8. 动感单车
9. 拉伸区
10. 瑜伽房
11. 私教区
12. 组合器械区
13. 有氧区
14. 自由力量区
15. 洽谈室
16. 经理室
17. 办公室
18. 储藏室

1:250

色彩计划，黑、白、灰＋黄色是我这次对本空间的主题内容，这也切合甲方的 VI 基调。

当然在整个空间中，甲方不设计灯光，甚至是很多设计师都忽略的问题，灯光设计是健身空间氛围营造中的重要手段，我们负责解决技术灯光问题以及泳池设计照明系统的程序，也让空间中想表达的意图更加的明确。我们采用与环境照明相同的灯具（常常为点光源）进行组合，形成局部密集，从而产生重点照明，包括顶部被忽略的位置，我们也用点部灯光渲染方式、方法应用于空间层高偏低以及创意空间。

后记

在我的理解上，运动无处不在，但是当下社会大家忙于工作，并没有给自己规划出一个很好的时间去运动，人们反复在说什么叫中产阶级，其实我一直认为有时间去给自己运动就是中产阶级。去健身房也好，在家也好，甚至在公司也好，我们有很多不同的运动方式，只是我们是否有一颗秉持运动的心才是关键。

HAVE THE POWER TO HAVE A SENSE OF SECURITY
SPINNING

yoga
04
THE POWER TO HAVE
OF SECURITY

对话主创设计师潘悦

Q1：现在国内流行健身热，涌现了大量的健身空间，在设计此类空间时，最先考虑的因素是什么？最应该注意的是什么？

A：目前，健身热说明全民的健身意识提高了，所以好多健身房兴起。健身房已饱和，开始走下坡路。我觉得所谓的“饱和”“下坡路”，就是要求健身空间都应向精品化、专业化和主题化靠拢。健身空间可能要更注重于健身人群的分类。

Q2：有哪个健身空间项目是您觉得最欣赏的？

A：很难说，美国纽约的一家，国外的健身空间就是强调健身本身，但可能不适合国内的模式。国内可能在意周围环境的比较多，目前市场还有空白，因为有效的设计还不多，所以我们设计师可能还有发挥的空间。

Q3：健身空间相较于传统的功能型健身，越来越往社交、休闲方向发展，您觉得近几年健身空间的设计会有如何突破和转变？

A：健身空间一定会加入智能空间，比如线上线下的私教等。健身房可以拉近人与人之间的关系，也是健身的人跟空间之间关系的表达形式，可能某天没时间去健身房，也可以在家或者公司就完成了私教课之类的课程，拉近了距离。

Q4：科技的发展正在改变着人类的行为习惯，在健身空间的设计上，您会有哪些思考？

A：科技的发展会让整个健身空间的发展上更高的台阶，我觉得任何商业空间都会被科技的发展所带动，就是智能空间，打造互联网 + 的概念、数字化的模式。

Q5：好的设计不仅要符合市场，还要尽量为客户创造最大市场价值，您如何在健身空间设计中让商业价值最大化？

A：如何让客户满意，我们是先了解客户的客户想要什么，他们要什么，我们就打造什么，也就是主题化、人群化和细分化。反过来说，设计师要懂得商业业态模式，甚至可以跟甲方交流商业业态模式。还有要考虑如何让甲方节约成本，比如设计的细节就可以帮助甲方留住客户。

Q6：考虑到健身空间设计的特殊性，您认为相较于其他传统类型空间有哪些方面是需要重点考虑的？

A：其实商业空间都是为人服务的，商业模式也都是为甲方考虑，只不过每个商业业态的细分不一样。健身空间就是做健身的、增强体魄的。怎么健身？那一定需要一些器材。对器材的合理摆放、对空间的合理规划就很重要。还有如何去营造一种健身的氛围，就好像在跑步机上跑步也会给人一种户外跑步的感觉。健身空间更多的就是人与器材的关系、人与人之间的关系，就是如何让大家在高峰期过程中互不打扰，考虑到人员之间的关系、拥挤程度等。

Q7：一个好的设计完成离不开甲乙双方的理解和配合。您在设计过程中如何解决与甲方沟通问题，并送一句想说的话给甲方？

A：我跟甲方沟通的时候，永远站在“我是投资方”的角度，只有这样才能理解甲方。投资是要回报的，也是需要成本的；成本就是设计费，甲方投入了成本之后会有怎样的产出，都希望会有更大的回报。反过来，我会考虑在甲方得到回报的同时，我做出自己喜欢的作品，因为每个设计师都有情怀，希望每个案子都做成自己的作品。但是不能只站在自己的角度，案子可能很美，但是商业模式没有得到发挥。

送给甲方的一句话：“大多数设计师做的是表层的设计，好的设计师做的却是里层的设计。”

Q8：设计师在健身房行业除了设计健身房之外，对于一个健身房品牌的塑造起到了怎样的作用?

A：品牌塑造更多是 VI 的设计，好多健身空间都没有涉及 VI，就直接找了设计师。品牌的塑造一定有差异性和故事性。不同健身品牌的设计一定有它商业品牌的故事性或塑造性，让人街边一路过的时候就能知道这是健身的地方。设计师要让同样的器材或者同样的空间设计给健身的人不同的感觉，这个就是设计师对于品牌塑造起到的作用。

Q9：健身房是一个折旧比较严重的场所，您在做设计的时候如何解决健身房长久使用的折旧损耗问题？您的设计是否让健身房经营者在后期的维护上更加简单轻松?

A：这个问题是我们平时考虑的比较多的，我们会选择一些耐脏的材料或颜色，这个在我们做设计的过程中会考虑到整体环境的营造，包括清洁的动线，比如卫生间的清洁度等。

M&A 健身工作室

项目地点： 江苏，南京
设计机构： 南京实景结团建筑设计有限公司
竣工时间： 2018 年
项目面积： 300 平方米
主要材料： 乳胶漆、艺术漆、银镜、陶瓷大板、大理石、地板、运动地垫
摄影： 金啸文

许智超 / 主创设计师

80 后设计师，线状建筑设计事务所创始人，寸匠 | 超实联合创始人，南京室内设计协会青年设计师分会理事，知名设计综艺节目嘉宾。坚持人性、环保、趣味的设计理念，擅长设计餐饮、办公、健身等空间。

背景

众所周知，运动有益健康，而健身空间无疑是接纳疲惫和引导健康的空间。光，是大自然馈赠我们的最好的礼物。我们把它带入到健身空间，并且加以延伸和改变。我们在空间摆放绿植，是为了让空间更鲜明、更绿色、更生机。

M&A
Fitness studio
M&A

动线

这个项目是一家健身工作室。为了最大化的增加空间的品质，我们采用了“时光”的概念。我们将健身空间设想成一个盒子，并且在盒子上画一些倾斜的平行线，形成一个动感的排列状态。同时我们运用中国传统文化中“阴阳”的概念。当我们将倾斜的平行线从盒体分离，并将它和原来的盒体组合，就会在视觉上形成一个半围合的运动空间。

在卫生间里，我们采用了陶瓷大板和镜面的组合方式。我们尝试将空间里所有元素都串联融合，使空间变成一个整体。这样做的目的是通过视觉延展让空间的视觉感受更大、更明亮。

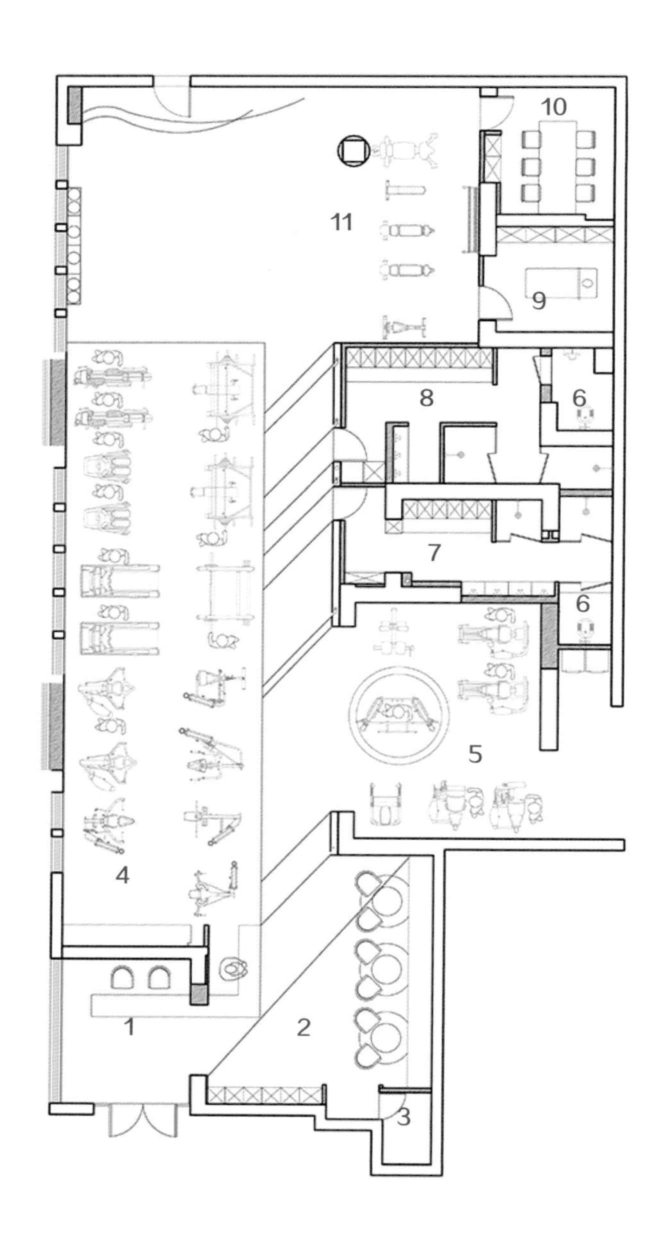

平面图

1. 前台 / 水吧
2. 接待区
3. 体测室
4. 固定器械区
5. 自由力量区
6. 布草间
7. 女更衣室
8. 男更衣室
9. 按摩室
10. 办公室
11. 有氧区

03
11

550T
550T

DON'T
DREAM
OF IT
iNOTEC

过渡

我们将有灯槽的墙体放置整面的镜子，既满足了运动人群的使用，又将墙内和顶部的灯带进行反射。这样既扩大了空间的视觉观感，又丰富了空间结构，还让空间形成了一个动感的时光隧道。灯带的灯光颜色是可以变换的，预计可以变换 1000 多种颜色。这样我们可以根据季节和时段的不同，调整空间的灯光颜色，并且通过颜色的改变，营造不同主题特点的运动空间，比如紫红女神运动空间、粉红可爱运动空间等。

蜕变

健身工作室的采光不错，朝南的窗户保证了一定的光照和采光。然而，窗外一整排绿色植物才是空间最为珍贵的装饰。有氧运动都安排在绿色景观的前面，可以一边运动一边欣赏美丽的自然景色。同时，窗外的绿植也会映照在整个镜面墙上，把绿色也带入到室内空间。

INOTEC

对话主创设计师许智超

Q1：现在国内流行健身热，涌现了大量的健身空间，在设计此类空间时，最先考虑的因素是什么？最应该注意的是什么？

A：在当下设计健身类空间的时候，我觉得优先考虑的一定是体验。做健身空间的目的不是为了炫酷，而是实现良好的健身体验。这个时候空间设计的合理性、动线布局等就非常重要了。个人觉得最应该注意的一方面是器械功能区域的合理分布；另外一方面是功能性空间的布局及动线的合理性。

Q2：有哪个健身空间项目是您觉得最欣赏的？

A：亚洲协调做的一个耐克体能工作室，我觉得做得挺好的。无论是空间关系的处理、功能的合理性和前瞻性，还有视觉上的舒适度都做得非常好。

Q3：健身空间相较于传统的功能型健身，越来越往社交、休闲方向发展，您觉得近几年健身空间的设计会有如何突破和转变？

A：其实伴随着互联网的发展，健身空间从传统的功能性逐渐转向社交休闲娱乐的综合性属性空间。从空间的角度来说，健身空间已经不仅仅是单纯的训练了，会伴随着当下的网红属性，成为打卡新地标，并且融合健康餐饮和周边产品，成为复合型多功能休闲属性空间。

Q4：科技的发展正在改变着人类的行为习惯，在健身空间的设计上，您会有哪些思考？

A：未来的健身空间，会更加的智能，也就是个人身体数据的控制会更加精准。那么健身空间的专属性会更高，包括健身教练也会从自然人类转变成AI机器人，时刻掌控健身者的身体数值，用最科学的方式做指引。而空间上会摆脱当下比较流行的造型设计，回归到功能性和舒适性上。

Q5：好的设计不仅要符合市场，还要尽量为客户创造最大市场价值，您如何在健身空间设计中让商业价值最大化？

A：健身房有别于其他属性的空间：一方面要加强健身房品牌化的建立，形成具有更多影响力的品牌价值；另一方面，是通过口碑实现商业价值的增加。所以空间的体感还是重中之重。好的体验环境加上优良的教练服务，就是健身空间最大的商业价值。

Q6：考虑到健身空间设计的特殊性，您认为相较于其他传统类型空间有哪些方面是需要重点考虑的？

A：我觉得最主要的就是科学和专业的功能属性：器械摆放的合理性、气流、温度、体感等在每个区域的把控，避免在健身中出现不适的反应。这些都是我们要特别注意和考虑的。

Q7：一个好的设计完成离不开甲乙双方的理解和配合。您在设计过程中如何解决与甲方沟通问题，并送一句想说的话给甲方？

A：换位思考。这是面对所有甲方时首先要做的。第一点，设计师是有自己的专业性的，也就是在科学专业的前提下，设计师需要了解更多运营上的知识和思路。第二点，就是换位思考，设计师一方面是了解运作逻辑，另一方面要用甲方的思维剖析项目，了解甲方最真实的需求。从而最终帮助甲方实现其核心期许。最想对甲方说的是，该花的钱还是要花的。

Q8：设计师在健身房行业除了设计健身房之外，对于一个健身房品牌的塑造起到了怎样的作用？

A：之前说到的，品牌其实非常重

要，有了品牌才会产生客流，如果仅仅是靠老顾客带新顾客也是完全不能满足运营要求的。所以品牌化和品牌标准就尤为重要了。

Q9：健身房是一个折旧比较严重的场所，您在做设计的时候如何解决健身房长久使用的折旧损耗问题？您的设计是否让健身房经营者在后期的维护上更加简单轻松？

A：因为运动本身就是高损耗的项目。所以健身房空间也必然是折旧率很高的空间。所以在地面材质的选择和墙面材质的选择上会选择好打理并且不容易损坏的材质。器械摆放的位置也决定着是否对橡胶材质会产生更多氧化的可能性，这方面其实在维护上都要着重考虑的。

CBF BOXING 拳击馆

项目地点：江苏，丹阳
设计机构：翼邸（上海）空间设计（EDEN INTERIOR DESIGN）
竣工时间：2018 年
项目面积：500 平方米
主要材料：天然大理石、手绘、环保回收木、不锈钢、定制图案环保地胶、切割镜子、铁丝网
摄影：杰罗姆·费图利乌斯（Jérôme Feutelais)
设计风格：街头嘻哈

梁琴 / 主创设计师

在美国有 15 年欧美设计工作经验，后回国成为翼邸（上海）空间设计（EDEN INTERIOR DESIGN）创始合伙人和室内设计总监，为成功的全球品牌创建了许多旗舰店设计。

背景

项目是位于江苏省丹阳市新民东路八佰伴四楼的观光电梯和商场入口的连接处，采光非常好，公共过道的面积比较大。

CBF

动线

酷爱拳击的我每周都会和拳友们一起练拳，长期的训练给了我很多动力和能量。拳击馆是能让人找到自我，接受真实自己并不断成长的地方。有太多的能量在这里流动，空间设计变得尤为重要。我们设计这个项目的想法是，不仅要把建筑的形状做到空间的最大利用，还要让室内的人感受到在室外锻炼的快乐。橙色的轨道代表太阳、自信、美丽和健康的 CBF 品牌的颜色。主题墙面的涂鸦是来自南美的艺术家专门设计并手绘在馆内的，这里也成了全城运动爱好者的网红打卡之地。

按照原建筑物的朝南无遮挡的 U 形大落地玻璃窗，在训练区周围建立室内跑道，从窗户散发出太阳的温暖，跑步者如同置身于室外。位于中间区域的拳击台和训练区，我们设有专门的看台区和 DJ 打碟区，把欧洲的 beer boxing 概念带入进来，周末可以开启好玩有趣的 party 和各种表演赛的方式来活跃氛围。没有跑步机和力量器械的大胆设计，让空间变得通透，拥有足够多的沙袋和空地，拳友们也更关注训练本身。

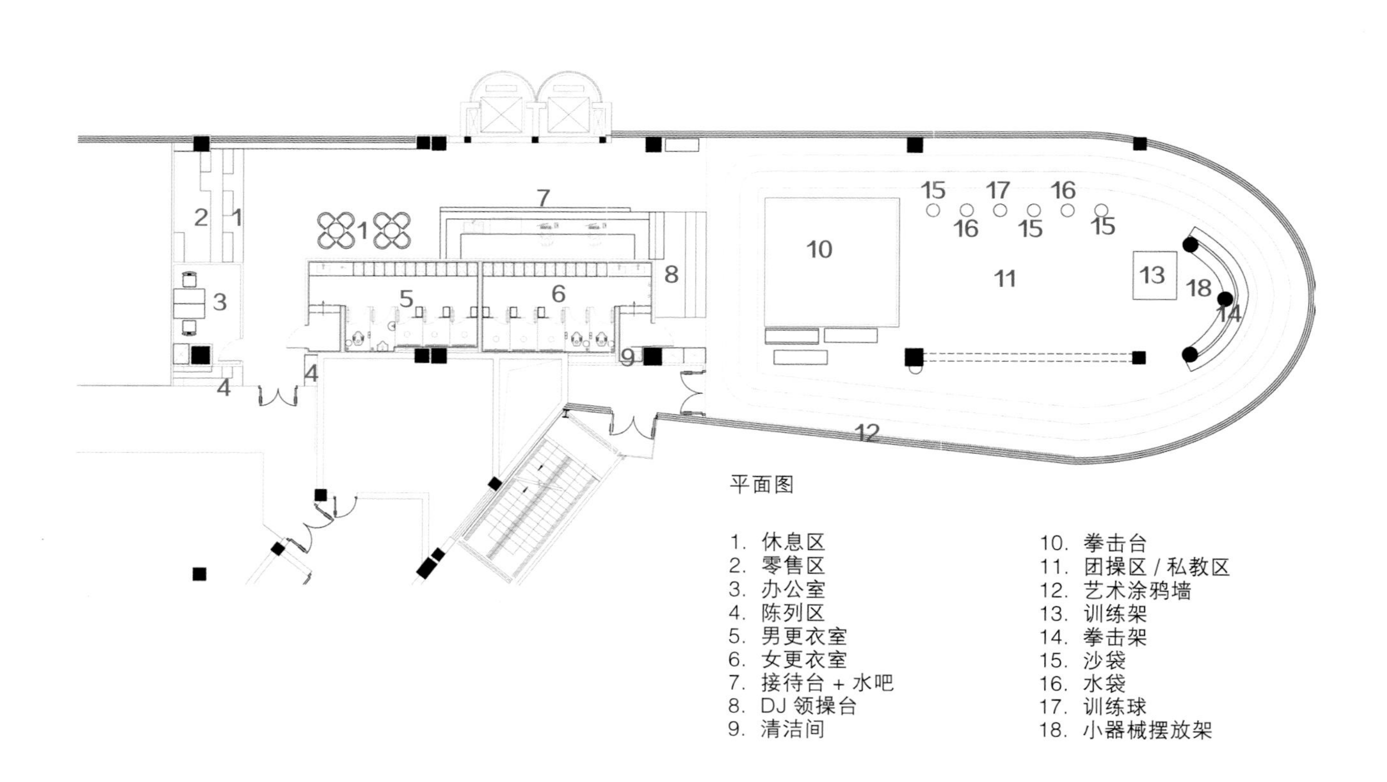

平面图

1. 休息区
2. 零售区
3. 办公室
4. 陈列区
5. 男更衣室
6. 女更衣室
7. 接待台 + 水吧
8. DJ 领操台
9. 清洁间
10. 拳击台
11. 团操区 / 私教区
12. 艺术涂鸦墙
13. 训练架
14. 拳击架
15. 沙袋
16. 水袋
17. 训练球
18. 小器械摆放架

蜕变

同时我们也负责 LOGO、拳套和 T-shirt 设计，空间和品牌统一设计并成为一体，成功帮业主打造成一个全城最棒的拳击馆。我们还特别定制了一个超大的拳击手套，所有经过的人都会留下深刻印象。

回收木的台阶让人有置身于街头的感觉，和我们的主题手绘嘻哈风格的原创艺术墙面呼应。地面采用耐磨度非常高的定制地胶地面，模拟跑道的感觉。特别定制的拳击台、手套和训练架，我们采用了生铁和皮质结合的方式，打造可以让会员挥汗淋漓的场所。拳击就是要畅快！

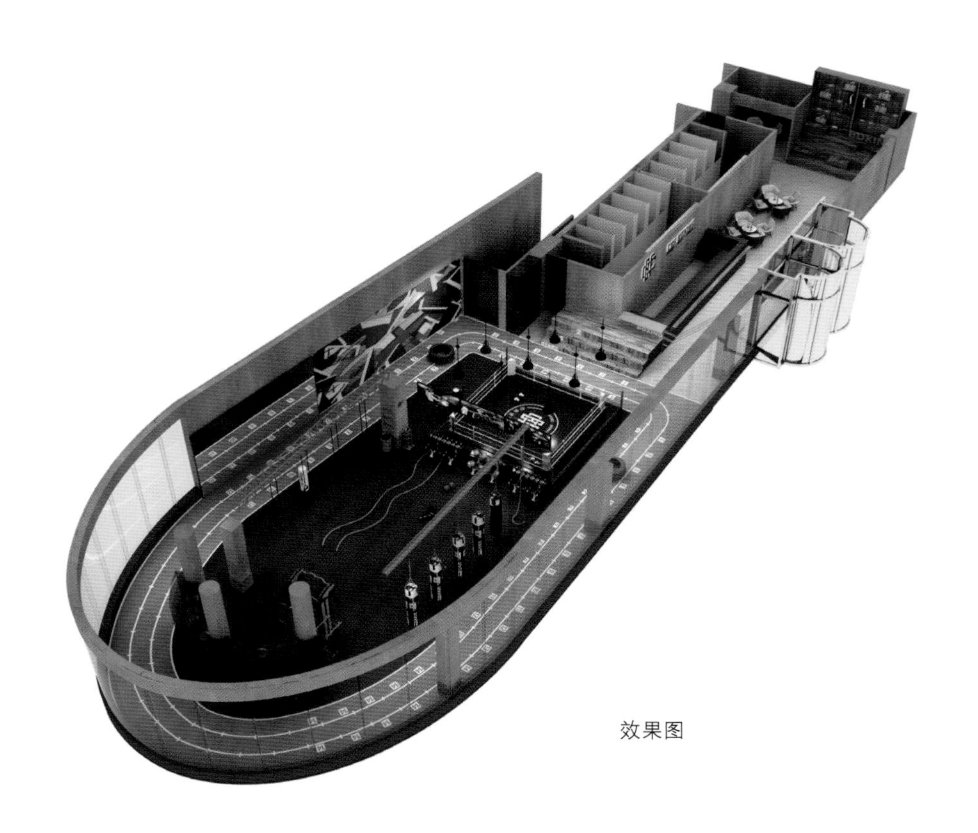

效果图

BOXING
CBF BOXING
CBF

CBF
CBF BOXING
CONFIDENCE
紧急出口
EXIT

CBF BOXING
CONFIDENCE · BEAUTY · FITNESS

CBF BOXING
01
02
03
04

对话主创设计师梁琴

Q1：现在国内流行健身热，涌现了大量的健身空间，在设计此类空间时，最先考虑的因素是什么？最应该注意的是什么？

A：我认为品牌特质的空间体验很重要，消费者见过太多雷同的空间后，会对和自己品味一致的空间产生更多的喜爱，并愿意花时间在其中锻炼和交友等活动。最先考虑是甲方目标消费群体的价值观和审美倾向。最应该注意的是从审美到空间所产生的行为模式，要对他们有潜移默化的引导，而不是一味地迎合。

Q2：健身空间相较于传统的功能型健身，越来越往社交、休闲方向发展，您觉得近几年健身空间的设计会有如何突破和转变？

A：我认为不可替代的体验会成为突破口。越方便越容易形成习惯，我认为写字楼内部的健身空间会越来越受欢迎：比如把原来的下午茶时间变成操课来提神，或者早上给企业内部来一节瑜伽冥想课程比一大早开晨会要更有效率。我们的健身空间会更小更融入工作和生活。

Q3：科技的发展正在改变着人类的行为习惯，在健身空间的设计上，您会有哪些思考？

A：我们无法通过点一个 APP 就能得到肌肉和健康，我们还是要去健身房的。穿戴装备和专业的健康顾问会给健身空间带来更多的商机，目前就有专门为减肥的人群设计的健康锻炼和饮食课程。我们的空间会有和健康有关的更多功能的延伸产业。

Q4：考虑到健身空间设计的特殊性，您认为相较于其他传统类型空间有哪些方面是需要重点考虑的？

A：安全性，近几年有太多因健身时不注意而引发的事故，太可惜了。 我们每次设计力量区域的时候会特别考虑这一块，会独立这一块区域，并让初级的会员在有私教引导下来尝试，所以这里不能是个死角，而是要靠近教练岛的相对视线开阔的区域。

Q5：一个好的设计完成离不开甲乙双方的理解和配合。您在设计过程中如何解决与甲方沟通问题，并送一句想说的话给甲方？

A：大部分的甲方还是非常尊重我们的节奏的，有时候因为不可控因素造成的延误，甲方都会选择等材料或者等道具全部准备好再开业。我想说："感谢甲方的信任与耐心！"

Q6：设计师在健身房行业除了设计健身房之外，对于一个健身房品牌的塑造起到了怎样的作用？

A：健身空间的基调选择，直接影响品牌的形象，只有符合品牌特质的选择才能够给空间加分，赋予品牌能量。

Q7：健身房是一个折旧比较严重的场所，您在做设计的时候如何解决健身房长久使用的折旧损耗问题？您的设计是否让健身房经营者在后期的维护上更加简单轻松？

A：我们在设计空间之初就选择比较好的材质，这个是降低后期维护最佳的方法。

CBF BOXING

BOXING

热炼私坊 SKYLINE

项目地点： 广东，深圳
设计机构： 深圳市丘原计划建筑设计有限公司
竣工时间： 2016 年
项目面积： 168 平方米
主要材料： 金属、混凝土板、镜面不锈钢、木地板等

蔡泽钿 / 主创设计师

建筑师，深圳市丘原计划建筑设计团队合伙人，深圳市 T-YOGA CLUB 团队合伙人，曾就职于马达思班张健蘅工作室、奥雅纳工程顾问公司（ARUP），坚信设计的意义是要让事情变得更有趣。

背景

设计方与甲方共同将这里定义为年轻人聚会社交的场所，对设计，甲方没有提太多条条框框，只谈到他们的连锁健身坊不需要贯穿某种固定的风格，每一家店都应该有自己不同的特点。而相比所谓室内设计的行货，他们寻找更多的是具有抽象艺术气质的设计，而正是这点，使得我们在这个项目上有了更多的发挥空间和自由度。

动线

在入口和前台区域我们刻意将尺度压紧，让人进入健身房的时候有一点紧张感，墙和天花板被联系在一起，形成纯粹和统一的空间感觉。同时由于空间狭小，为了解决接待区、休息区与吧台的空间联系，利用整体的家具设计将前台、客人等待区、吧台三种功能结合在一起，一气呵成的串联了三个不同空间功能。

私教区是具有极强韵律性的空间通廊，三个面均运用镜面反射材料将空间进行多维度的叠加，而渐变排列的LED灯带则将这种韵律推到极致。在这个空间里面，充满迷幻和纯粹，没有过多的言语，只剩下数不尽的自己和无尽延伸的城市景观。

训练区里塑造的空间是安静地和冥想对话的关系，在这里，经过剧烈的运动过后，你是放松和愉悦的，顶棚略带角度的镜面让你在全然不同的视角里看到另外一个自己。

蜕变

我们希望这个健身房给使用者的感觉是能够在运动的过程中更多地去感受以及思考自己内心世界，是那种激烈中的一份安静。项目一反大部分健身工作室的传统，没有用浓烈动感的色彩，而是以黑、白、镜面为主的一种颜色感觉，又在甲方的建议下，在一些隐隐约约的位置，比如柜子内部、隐藏把手等，加入了他们希望以后成为自己品牌主题色的墨绿色作为点缀。

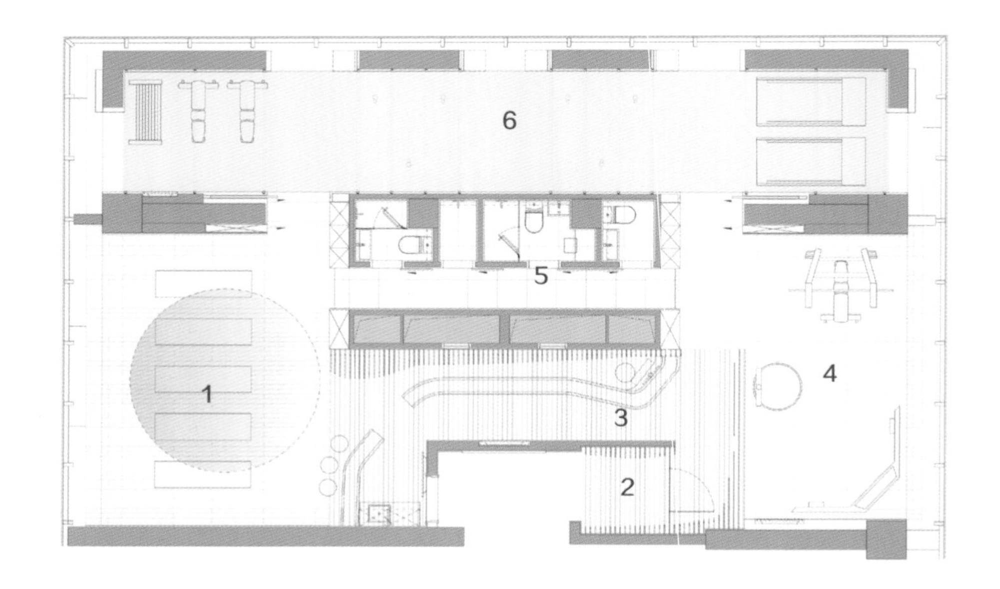

平面图

1. 多功能训练区
2. 入口
3. 前台
4. 器械区
5. 更衣沐浴区
6. 运动训练区

FUSION

FUSION 热炼私坊健身
STUDIO

MENU

项目其中一个最大的难点，是入口处曲面渐变效果的材料选择。由于位于深圳市福田中心区，消防对材料的要求比较高，所以无法用常见易处理的木板来做。最后对比了很多种可能性后，选择了混凝土板来做。但是这种材料的安装对于施工师傅来说从来没处理过，所以在排布、安装、现场尺寸调整等都遇到很大的挑战。最让人满足的一个场景是，在完工的时候，跟师傅们坐在曲面混凝土板下，大家都笑着感叹，自己的努力是值得的。

后记

“无”空间是我们从构思开始一直到施工完成始终贯穿的设计概念。

它来源于我们对运动的印象：运动就像是人和自身在对话——带点怀疑和不安、自我鼓励、全身释放，是精神层面和身体层面的双重互动关系。通过这种对话，渐渐认识自我、挖掘自我、甚至重塑自我，所以它是一个探索的过程，这个过程像是迷宫，因你不知其极限所在，只能不断地尝试和努力。和常规的室内设计不一样，我们希望在热炼私坊诠释的是一个抽象化的空间装置，它体现运动的探索精神，回归到本质。室内实体的部分被消隐了，而剩下的是无限延伸的空间，只留下你和自己。

对话主创设计师蔡泽钿

Q1：现在国内流行健身热，涌现了大量的健身空间，在设计此类空间时，最先考虑的因素是什么？最应该注意的是什么？

A：作为一个健身房的设计，首先一定要满足顾客的功能需求，也就是对空间的合理利用，因为健身空间本身就会有很多不同功能的空间需求，这个对设计是硬性的条件。但是，在满足功能部分的同时，设计师也同样可以有很多不同的感受赋予顾客，比如是不是可以一边躺举着器械，一边看着倾斜的镜面天花上反射着户外的景色等，这是设计在满足功能使用之外赋予顾客感官体验上更好的内容，这是很重要的，也是最好玩的。

Q2：好的设计不仅要符合市场，还要尽量为客户创造最大市场价值，您如何在健身空间设计中让商业价值最大化？

A：并不是很多甲方愿意花钱去设计一个健身房，因为很多甲方觉得自己就是做健身房的，所以没必要花这个钱；另外有一部分甲方会觉得，自己可以找很多喜欢的参考图给设计方，只要按着做就好了，所以设计不值钱，只是因为需要这么一个流程然后去完成而已。

好的设计是需要设计师整体去考虑很多问题的，包括站在甲方的角度去考虑满足功能部分使用，了解清楚每个不同功能的需求，考虑使用者的感受等。

而对于所谓的商业价值最大化的选择，其实更多是取决于甲方。设计方通过设计去改变了一些东西或者创造了一些东西，当然会觉得自己的设计提升了商业价值，但是很多时候，所谓的商业价值是否得到提升，还需要建成后设计方与甲方一起去经历、去确认、去验证，到底最后设计对商业价值的提升有多少。

我们见过很多好的设计，但是其实在所谓的商业价值上帮助不大。这也不能说就是设计的问题，因为很多时候，设计能够决定或者改变的东西其实是有限的，或者是无奈的，更可能是甲方对自己的定位错误，或者商业的模式体系不适合等，而决定了后面的商业价值。

而且所谓的“好的设计”，其实本身就是一个很难衡量的标准。

MELOS 时尚健身会所

项目地点： 福建，漳州
设计机构： 漳州市尚府室内设计有限公司
竣工时间： 2018 年
项目面积： 200 平方米
主要材料： 水泥、铁架、木板
其他设计师： 黄港斌
照明设计： 奥创灯光设计中心
摄影： 李永鹏
设计风格： 工业

曾科 / 主创设计师

尚府空间设计事务所（SFD）设计主创，该公司遵循以人为本的设计原则，运用独特前沿的设计理念，通过最新的技术工艺专注为客户量身定制综合的一体化设计服务和方案。

背景

该项目位于漳州港尾开发区厦门大学漳州校区周边，为周边人群提供专业时尚的健身空间以及服务。

MELOS

动线

整体空间以工业风格呈现，多元、风尚、沉思、简洁、动静之间、跨界融合 2000 平方米现代科技 LOFT 空间，全范围清混色调，冷静中饱含激情，全新视觉体验，于静默中感受强力脉动，甲方的想法是以健身为纽带，提供自我审视的契机，追寻真实的自我，回归本源。以设计的视觉引力，融合内在的精神理念。于是这与设计师的审美诉求契合，便开始了一场合作之旅。整体空间功能分为：有氧区、器械区、补给区、咖啡厅、瑜伽区、私教区、洗浴区。

蜕变

整体色调保留了原建筑结构毛坯为主色，墙面采用清水混凝土以保证整体粗犷中带有细腻，灯光采用点光与面光结合。

为感受器械之美，MELOS 严选顶级设备，打破传统健身疆界，引入全新健身方式，告别一成不变的枯燥呆板，感受科技与力量的结合。

一般来说，偏亮的颜色容易让人陷入浮躁，但同时能让人活跃，刺激运动细胞和活力，当然，也有例外。偏北欧风正是 MELOS 的主题，可以供人们平静的进入运动氛围，调养身心。

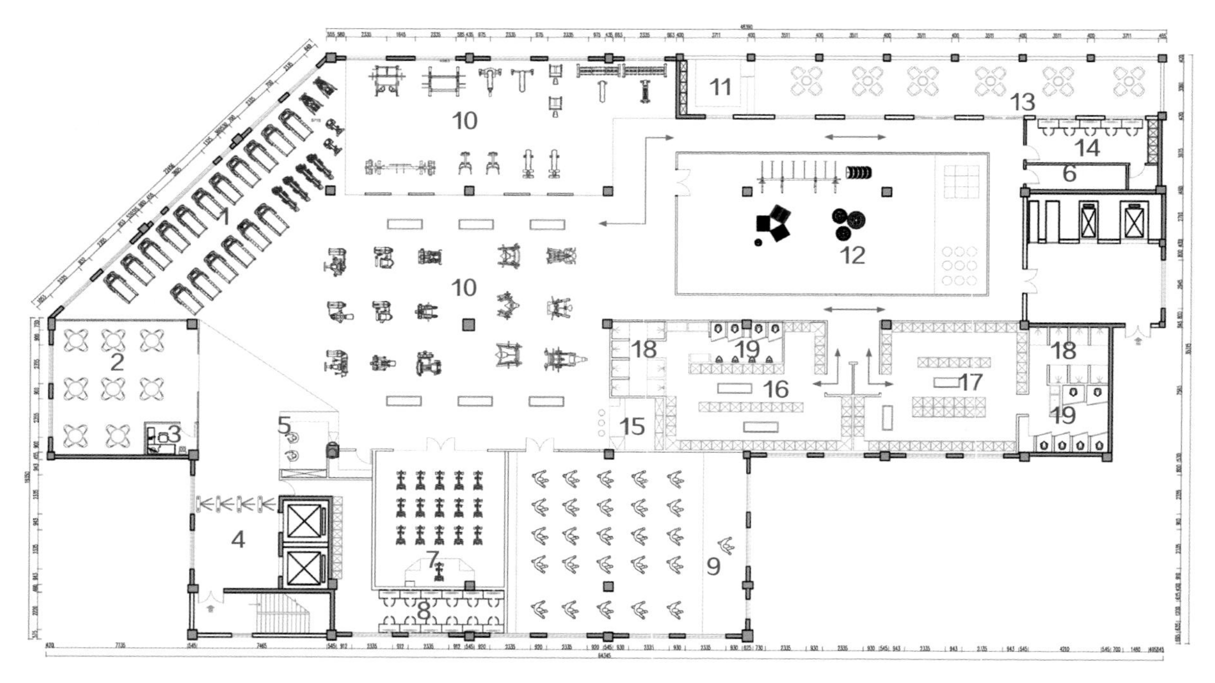

平面图

1. 有氧器械区
2. 洽谈区
3. 体测室
4. 前厅
5. 前台
6. 储藏间
7. 动感单车
8. 办公室
9. 多功能操房
10. 力量训练区
11. 咖啡吧
12. 私教训练区
13. 休闲区
14. 私教休息区
15. 补给区
16. 男更衣室
17. 女更衣室
18. 淋浴区
19. 卫生间

WELCOME
MELOS

MELOS
MELOS

RUNNING
MAKES
WORRIES
DISAPPEA
Testing

MELOS
BECOME.

LOUNGE
PERSONAL TRAINER OFFICE
STORAGE
PERSONAL TRAINING
BOXING
EXIT
MULTI-FUNCTIONAL ROOM
MELOS GUIDE
YOU ARE HERE

LOUNGE
PERSONAL TRAINER
OFFICE
STORAGE
EXIT
BOXING
PERSONAL TRAINING
LOCKER
ROOM/ F
MELOS
GUIDE
YOU ARE HERE

RUNNING
MAKES
AS
YOU
TOMORROW
BECOME.

对话主创设计师曾科

Q1：现在国内流行健身热，涌现了大量的健身空间，在设计此类空间时，最先考虑的因素是什么？最应该注意的是什么？

A：空间的分布格局，最应该注意的就是器械的摆放顺序。

Q2：科技的发展正在改变着人类的行为习惯，在健身空间的设计上，您会有哪些思考？

A：便捷、放松，一个能有欲望健身的空间。

Q3：健身房是一个折旧比较严重的场所，您在做设计的时候如何解决健身房长久使用的折旧损耗问题？您的设计是否让健身房经营者在后期的维护上更加简单轻松？

A：灵魂是一个空间里最重要的，对于健身空间，在最初设计的时候就应该按照场地的情况而去做一定的规划，时时在变，要应对变化的同时，空间的前期思考也是需要一定的讲究的。

CU EVERYDAY FITNESS CENTER

项目地点：湖北，武汉
设计机构：i.n.k. Design 事务所
竣工时间：2017 年
项目面积：1800 平方米
主要材料：石材、不锈钢、Pavigym 专业运动地胶
设计风格：现代

梁家健 / 主创设计师

香港设计师，毕业于香港理工大学。入行逾18年，早年曾于香港、台湾及加拿大等地工作， 2006 年始定居上海至今，主导各项不同类型的设计项目。

背景

项目位于武汉新开业的高端商业体——武汉天地壹方购物中心。本项目为 Cutting Up 品牌健身目前面积最小的，同时亦是最高级的门店。该品牌的器材均通过云数据管理，会员利用智能钥匙，健身器材即可自动启动由专业教练设定的训练内容。

动线

除健身外，项目亦设有果汁吧、健康元素餐厅、高私密性的 VIP 更衣室及淋浴间等配套空间。

以黑色为主调的整体空间，以金色以及亮黄色点缀，加上精心安排的灯光效果，除了突显会所的高级质感外，亦与会所采用的顶尖健身器材色系匹配。

团体教室配合莱美（LESMILLS）的课程，呼应“颜色能量”的概念，设计了随音乐变色的灯光系统。加上近年兴起的自由操（FREE STYLE TRAINING）课程，专业性达至尽善尽美。

蜕变

本项目采用了明星级健身设备品牌当中的最顶尖系列。

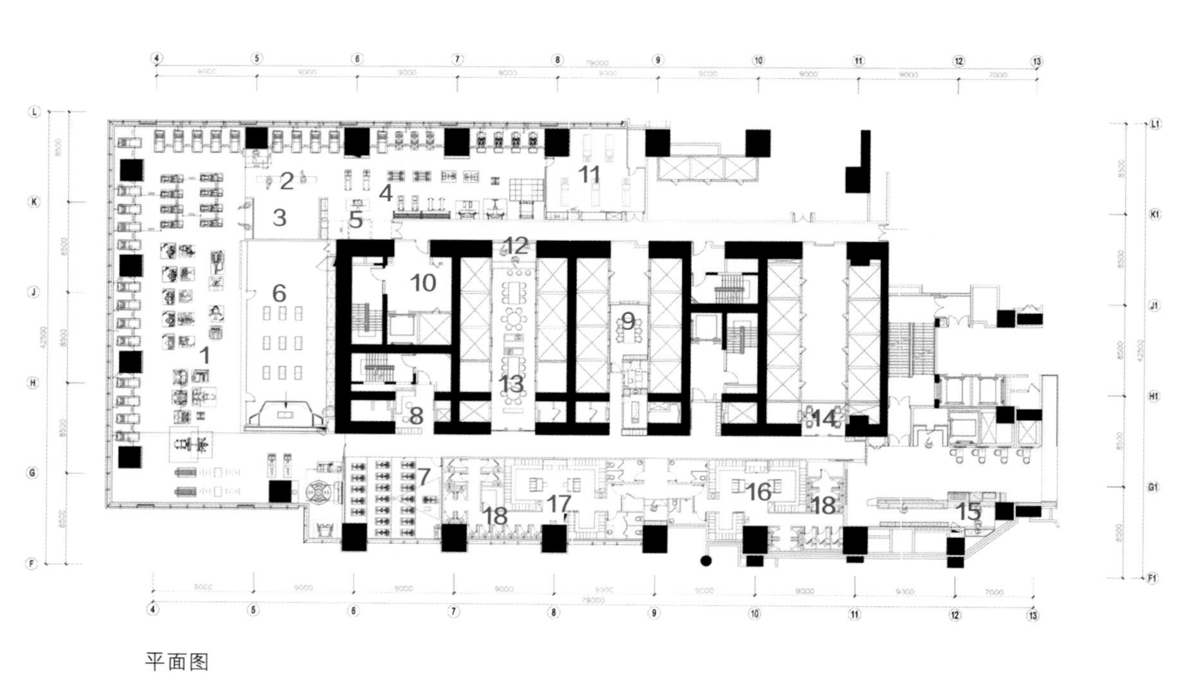

平面图

1. 有氧区
2. 休息区
3. 拳击台
4. 自由力量区
5. 智能健身专用垫
6. 操房
7. 动感单车
8. 休闲区
9. 办公室
10. 前室
11. 普拉提室
12. 水吧
13. 餐厅
14. 体测室
15. 休闲吧台
16. 男更衣室
17. 女更衣室
18. 淋浴区

CU.EVERYDAY
24h

VERYDAY

seca
小心地滑

对话主创设计师梁家健

Q1：健身空间相较于传统的功能型健身，越来越往社交、休闲方向发展，您觉得近几年健身空间的设计会有如何突破和转变?

A：随着科技的飞速发展，预期中，大家会变得越来越足不出户，甚至身体机能会往诡异方向进化（比如只有脑部和手指发达）的情况并没有出现。相反，更多的人注重健康和体态美。而工作形式的改变，也让人得以享受更灵活的工作时间和地点。因此，假如说前几年的健身中心或健身空间和配套空间的比例是 8:2 的话，未来这个比例将变得越来越接近，比如 6:4，甚至 5:5。健身中心的综合性会大大提升，甚至出现更多差异化的功能，设计师对空间的把控就会变得非常重要。

Q2：一个好的设计完成离不开甲乙双方的理解和配合。您在设计过程中如何解决与甲方沟通问题，并送一句想说的话给甲方?

A：甲方多为从事健身行业多年的专家，而我从一开始就明确他们和设计师的分工和定位：专业部分由甲方负责把控（包括设备、课程安排等），而设计师则负责其余所有的非专业部分。须知道，其实大部分到健身中心的会员，对于健身都是外行人，而我就是其中的一分子。设备的好坏，对普通人来说是不直观的，但环境、灯光、动线，甚至拍照美不美，才是可以直接打动人的要素。而只有让人成为会员，才能慢慢了解健身中心的设备和相关的项目有多好。毕竟现在不是酒香不怕巷子深的年代了。

专业的事情留给专业的人去做；非专业的部分由设计师来锦上添花。

星悦荟健身俱乐部

项目地点： 广东，深圳
设计机构： 深圳道源室内装饰设计工程有限公司
竣工时间： 2017 年
项目面积： 1200 平方米
主要材料： 大理石、铝塑板、运动地胶、烤漆玻璃、仿古地砖
摄影： 朱建利
设计风格： 简约几何

刘瑶 / 主创设计师

道源设计创始人、设计总监，曾任职高文安设计公司、矩阵纵横设计，秉承着对设计的原创严谨务实的创作理念，走出了属于自己的一种风格。

背景

这个项目是国内顶尖健美运动员“狮王”刘兴刚的健身房项目。对于甲方在健身行业的地位，由此选择运用沉稳黑色的色调，简约大气的设计理念，来彰显其在健身行业的地位。

WOMAN

动线

简约几何风格定位，通过对局部空间造型进行调整出现几何图案空间，并且运用黑玻璃划分空间确保空间私密性和视觉扩大。

空间功能区域划分明确，动静分区，并且设置了泳池参观动线，增加展示效果，总面积在 2500 平方米。

蜕变

由于全场色调为黑色，由此选择琥珀色环境光源进行烘托气氛，以体现健身房活力四射的氛围，配以巨幅色彩艳丽的宣传海报增加互动话题。

由于健身房卫生要求的特殊性，健身房家具采用方便清洁的材料，已达到干净卫生的目的。一般采用塑钢材料的家具，造型时尚，方便打理。

我们运用了铝塑板、银白龙大理石、仿古砖镜面、不锈钢条形、铝合金彩色地胶、真石漆。

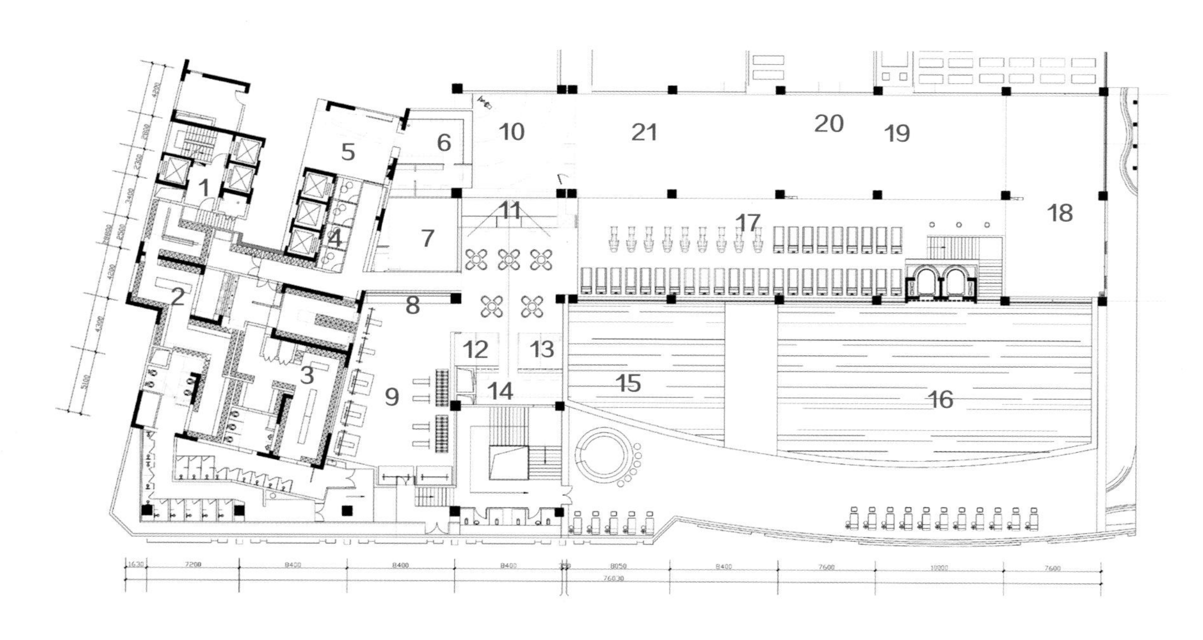

平面图

1. 合用前室
2. 女更衣室
3. 男更衣室
4. 洽谈室
5. 接待区
6. 会籍室
7. 儿童乐园
8. 休息卡座
9. 自由重物区
10. 动感单车
11. 水吧 / 营养餐区
12. 洽谈室
13. 体测室
14. 私教办公室
15. 儿童泳池
16. 成人泳池
17. 器械区
18. 综合训练区
19. 瑜伽室
20. 私教室
21. 多功能操房

STAR FITNES
营养餐吧

LIGHTNING

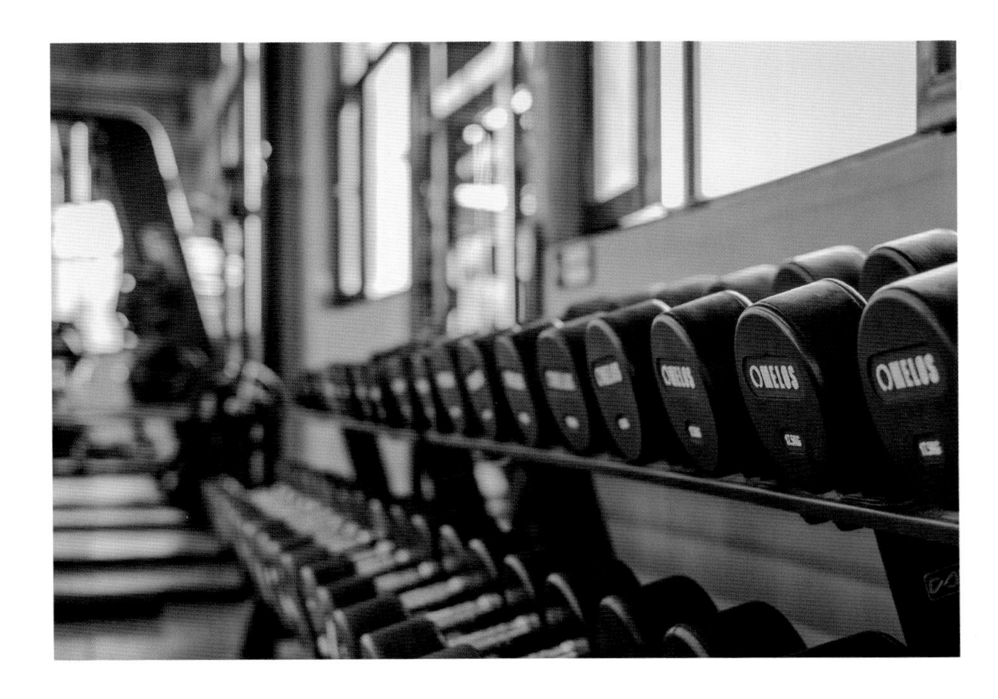

STAR FITNESS

对话主创设计师刘瑶

Q1：现在国内流行健身热，涌现了大量的健身空间，在设计此类空间时，最先考虑的因素是什么？最应该注意的是什么？

A：健身房设计首先考虑的是当地健身人群对健身房的实际需求和期望，结合当地实际情况融入设计当中。并且针对结果，完成对健身房使用的功能设计，这其中囊括了动线设计和功能空间的划分设计以及风格理念设计的要求。并且要根据甲方造价要求进行有针对、有取舍的控制，以达到物美价廉的目的，避免发生实际施工超出造价的情况。

Q2：科技的发展正在改变着人类的行为习惯，在健身空间的设计上，您会有哪些思考？

A：可以在健身器材上进行改造，研发小而精的健身器材，以便在一线城市的寸土寸金的黄金地段开设小型健身房，减少器材对空间的浪费。

为酷动力健身

项目地点： 湖北，武汉
设计机构： 武汉壹加纵向空间设计工程有限公司
竣工时间： 2017 年
项目面积： 1380 平方米
主要材料： 铝管、生态木、文化砖、帕斯高灰砖、钢结构
摄影： 蔡唯（梵镜空间摄影）
设计风格： 轻工业现代

谢康德 / 主创设计师

2014 年创立武汉市壹加纵向设计以来，涉足合作方包含时装卖场、餐厅、健身房、文创类终端等商业空间及室内设计。

背景

为酷动力健身系汉为集团旗下汉为体育公园内的独立营运健身场馆，健身场馆区域使用面积 1380 平方米。由一栋狭长的工业厂房改造形成的主体。

06

动线

项目整体呈近 100 米宽、8 米进深的长条状主体结构，我们在布局设计思路上优先考虑如何“破局”。为避免格局上的呆板，制造流线、动线分隔不同的功能分区。利用金色铝管排列出有序的弧线造型，既起到了分区隔断的作业，也制造了别样的视觉动线。

健身房的布局思路，我认为要结合两个方面酌情考量：第一个是从健身会员的习惯性出发，从进入大门刷手牌开始，进更衣室换衣储物出来，先有氧热身，二次分流到器械区或者私教综合操课区，运动完去休息区或者直接淋浴更衣离开。这些动线的连贯性就非常重要，尽可能减少任何不必要的往返。另

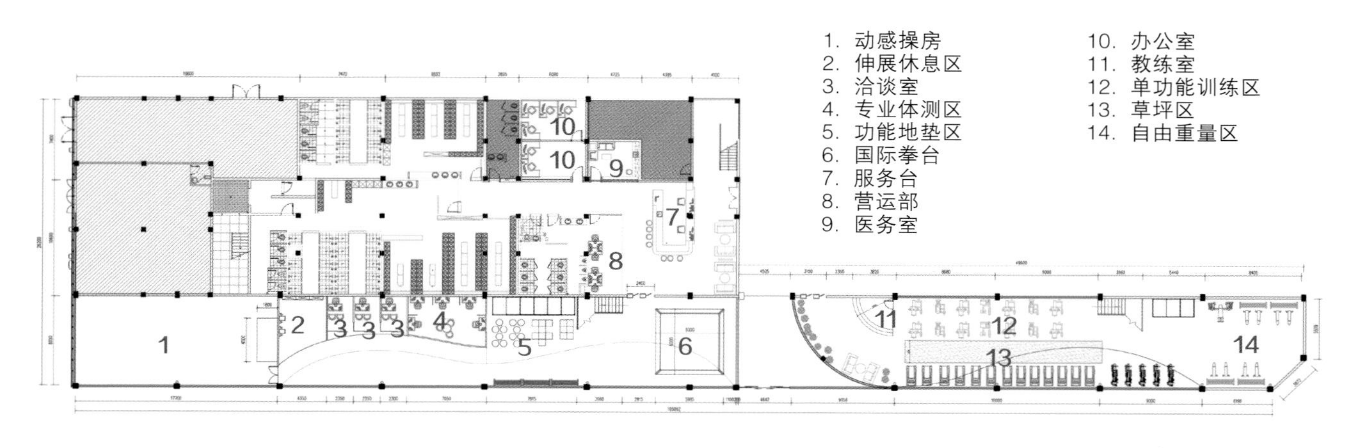

1 层平面布置图

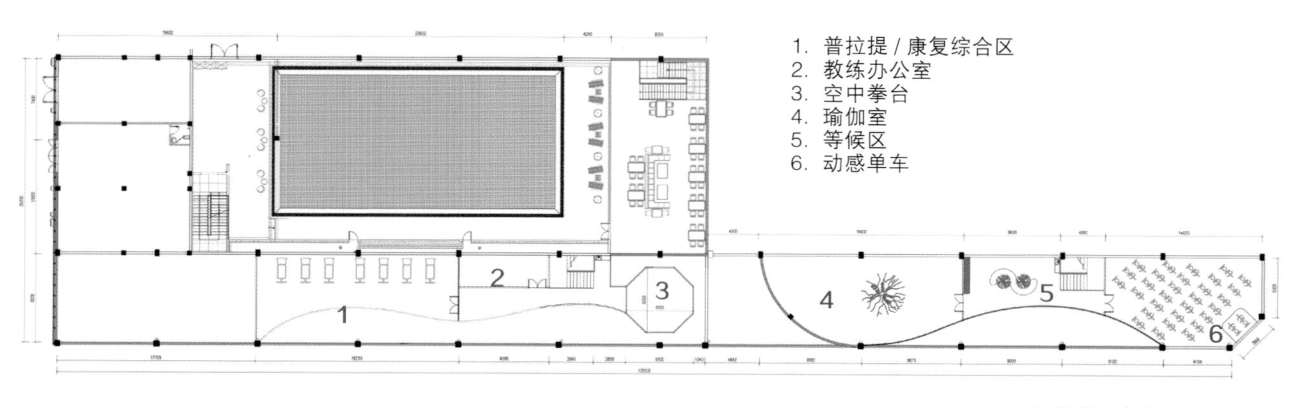

2 层平面布置图

一个方面是健身房老板们很关注的销售促成动线，市场部营销人员带新顾客参观整个健身房功能区的动线，哪些区域方便或不方便带看、参观完毕领到休息区洽谈、营销办公室与入口及洽谈区的三角距离等因素，可能就是促成签单的关键。

蜕变

基装部分保留了原有混凝土结构的原始材质，钢结构跟原木接合的硬装搭配，工业风和现代装饰元素有效的结合。主照明采用暖色调的射灯照明，搭配偏复古工业风格的软装吊灯等，更适合营造运动社交氛围。

03
02
06

瑜伽 YOGA
EXERCISE

05
02
01

对话主创设计师谢康德

Q1：现在国内流行健身热，涌现了大量的健身空间，在设计此类空间时，最先考虑的因素是什么？最应该注意的是什么？

A：动线功能布局的合理性。室内光照度对人或亢奋或疲惫有很直观的影响。

Q2：健身空间相较于传统的功能型健身，越来越往社交、休闲方向发展，您觉得近几年健身空间的设计会有如何突破和转变？

A：对健身服务的需求将会越来越高，一对一或一对小团体的私教定制健身模式可能会越来越有市场，相反对健身空间场地和器材的硬性依赖将变得越来越小，单位面积内能实现的多功能健身方式将会是趋势。

Q3：好的设计不仅要符合市场，还要尽量为客户创造最大市场价值，您如何在健身空间设计中让商业价值最大化？

A：在空间功能设计上尽量要考虑因地制宜的需求，不求大而全，但可以小而精。同一家健身品牌在不同的区域位置所针对的客户人群需求要有主次甄别，减少对场地的依赖是前期成本投入上很关键的因素。视觉设计上要有爆点或记忆点，不一定要选用高尖贵的材料制作，但形式和要表达的东西一定要有记忆点。

Q4：考虑到健身空间设计的特殊性，您认为相较于其他传统类型空间有哪些方面是需要重点考虑的？

A：灯光的多样性。如果一个健身房整场全是一种或两种类型的光源，那就是失败的灯光设计。照明为基础，氛围作辅助是常规空间设计的方式。健身房内因不同区域的功能需求不同，泛光、聚光、氛围光、冷暖色温都是需要区别设置的。

Q5：设计师在健身房行业除了设计健身房之外，对于一个健身房品牌的塑造起到了怎样的作用？

A：多数客户对健身器材的品牌价值是不了解的，这个第一印象往往只能来自场馆视觉的判断，当顾客能够把“有格调、有意思”这种信息和这个健身房品牌有联系的时候，即使比对面某健身房年卡贵 1000 元也是愿意买单的。

欣悦荟健身俱乐部

项目地点：广东，深圳
设计机构：深圳毕奇设计
竣工时间：2016 年
项目面积：2700 平方米
主要材料：文化石、不锈钢、铝板等
摄影：胡文杰
设计风格：科幻

王国鸿 / 主创设计师

深圳毕奇设计创始人之一，曾任厚承设计总监，8 年前，投入健身空间设计行业。几年的时间里，设计的风格和手法，逐渐被大家认可，多次为各种健身品牌打造空间设计。

背景

本次设计灵感主要来源于约瑟夫·科金斯基导演的电影《创：战纪》，主要是想结合大电影题材，通过虚幻空间和现实生活空间之间的强烈反差，经过“再设计”，最后想达到传递电影精神内涵的目的。

动线

空间规划进行了动静分区：接待厅、体测室、器械陈列、私教区、操房、洽谈空间在二楼；高温常温瑜伽、更衣空间、休息区在三楼。

通过对《创：战纪》故事情节的细节分析，主角从刚开始无意闯入电子世界的震惊（接待台），到更换战衣（更衣间），到8号平台的激烈格斗（拳击），再到光影摩托的生死竞赛（动感单车）……无一不是对身心和意志的考验，那么我想健身也是如此。希望顾客能有一种既神秘又兴奋的感觉，去穿越这个未知的世界，被眼前的场景所吸引，全身心地去体验一次《创战纪》之旅。

蜕变

灯光色彩元素，主要以蓝光、橙光为主。材质辅助色是银灰色穿孔板、银灰色金属板。灯光运用交错形成的透明光带，达到一种生死竞赛的震撼和刺激场面。

家具设计主要以科幻风为主，接待台选用白色与蓝色的色调。洽谈区与更衣间以黑色、橙色的皮革凸显质感。

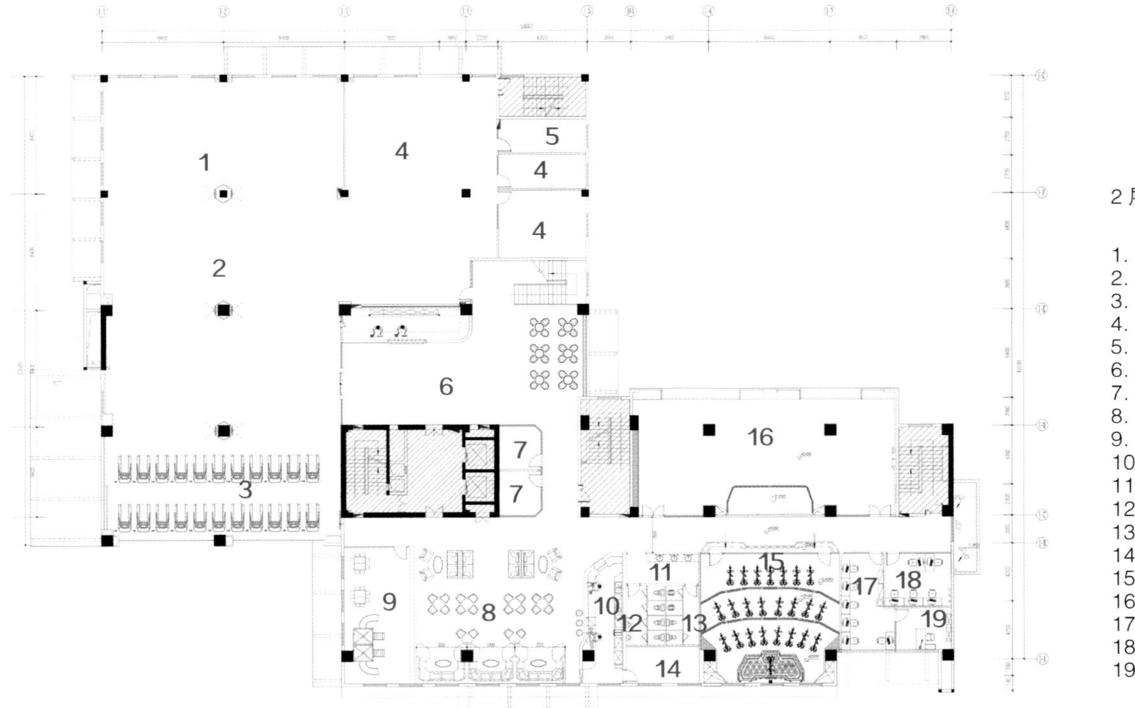

2 层平面图

1. 力量器械区
2. 器械区
3. 有氧区
4. 私教室
5. 体测室
6. 前厅
7. 洽谈室
8. 休闲区
9. 儿童娱乐区
10. 吧台
11. 预进间
12. 男卫生间
13. 女卫生间
14. 储藏室
15. 动感单车
16. 大操房
17. 办公室
18. 销售办公室
19. 店长办公室

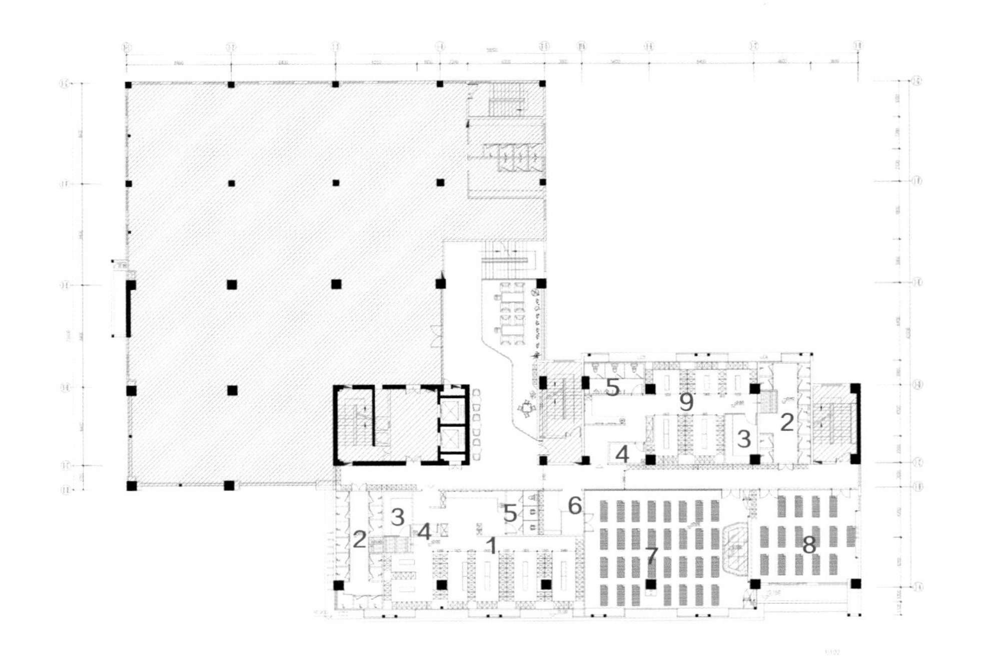

3 层平面图

1. 女更衣室
2. 淋浴区
3. 休息间
4. 清洗室
5. 卫生间
6. 瑜伽前室
7. 高温瑜伽
8. 瑜伽室
9. 男更衣室

SPINNING
STAR TRAC

SPINNING
SPINNER Pro

对话主创设计师王国鸿

Q1：现在国内流行健身热，涌现了大量的健身空间，在设计此类空间时，最先考虑的因素是什么？最应该注意的是什么？

A：首先要说的是，不能将设计师与艺术家混同。艺术是美好的，或许暂时不被认同；而设计师的目的性较强，需要思考如何在设计中把艺术（想法）变成实物。在空间设计当中，必须有空间一体化的整体考虑，要清楚为什么要这样设计。打个比方，在什么样的空间，需要用到什么样的地面材质，这种材质踩踏上去会有什么样的声音、会产生什么感觉，设计师必须对这些东西都熟悉，要将这些因素放到空间整体性去考虑的。

Q2：科技的发展正在改变着人类的行为习惯，在健身空间的设计上，您会有哪些思考？

A：设计来源于生活。在设计作品的时候，会受到生活的影响。比如在赋予空间内涵（灵魂）的过程中，会结合科技的运用，将作品的还原度达到最高化。并赋予它故事性，把自己当作导演，从视觉、听觉的角度，呈现一个美好的故事给观众。

Q3：健身房是一个折旧比较严重的场所，您在做设计的时候如何解决健身房长久使用的折旧损耗问题？您的设计是否让健身房经营者在后期的维护上更加简单轻松？

A：在方案的设计过程中都会考虑到这个问题，所以在设计的时候会用到一些耐旧、耐久、有质感的材料。合理化的空间布局将场所的使用功能达到最大化，让甲方后期的维护更加简单轻松，还给顾客提供一种舒适的健身环境。

RINGSIDE BOXING & BEYOND

项目地点：上海，黄浦
设计机构：拾集建筑
竣工时间：2019 年
项目面积：2000 平方米
主要材料：玫瑰金不锈钢、水磨石、镜面
其他设计师：蒋妍、丁苓、毛家俊
照明设计：苏佳星
摄影：姜玮

徐意俊、罗程宇、许施瑾 /
主创设计师

拾集建筑创立于 2016 年，是由一群跨专业的青年设计师所组成的新锐设计团队，坚持认为每个项目具备其独特性，与其所处文化背景，品牌策略息息相关，致力于以简单真实的材质创造灵活多变的空间，作品已赢得了世界范围内的媒体关注。

背景

上海是国际化的大都市，都市生活节奏飞快，健康与减压成为上班族关注的话题。RINGSIDE 以拳击作为业态核心，旨在让都市年轻人释放压力，挑战自我，健康生活。设计师定位 RINGSIDE 是引领潮流的现代风格。

动线

项目位于城市商场，设计师选择主入口能隐约看见主拳台，营造搏击氛围，通过反射镜面和镜面不锈钢使得空间视觉延伸，通过灯带的勾勒穿插，形成强烈视觉冲击，激发对拳击运动的渴望。

另一侧有配套的健康餐厅，可以完全打开，欣赏拳击比赛。器械区、有氧设备区布置在靠窗侧，保证良好的景观视野。

蜕变

VIP 入口经过一个幽长的光影隧道，两侧和天花都有无限镜面反射，RINGSIDE 发光字错落布置在其中，带来炫目魔幻的视觉体验。开敞的搏击区域的天花板灵感来自运动场上的跑道，由玫瑰金不锈钢材质与灯带勾勒打造，视觉上带来强烈的冲击力与动感。

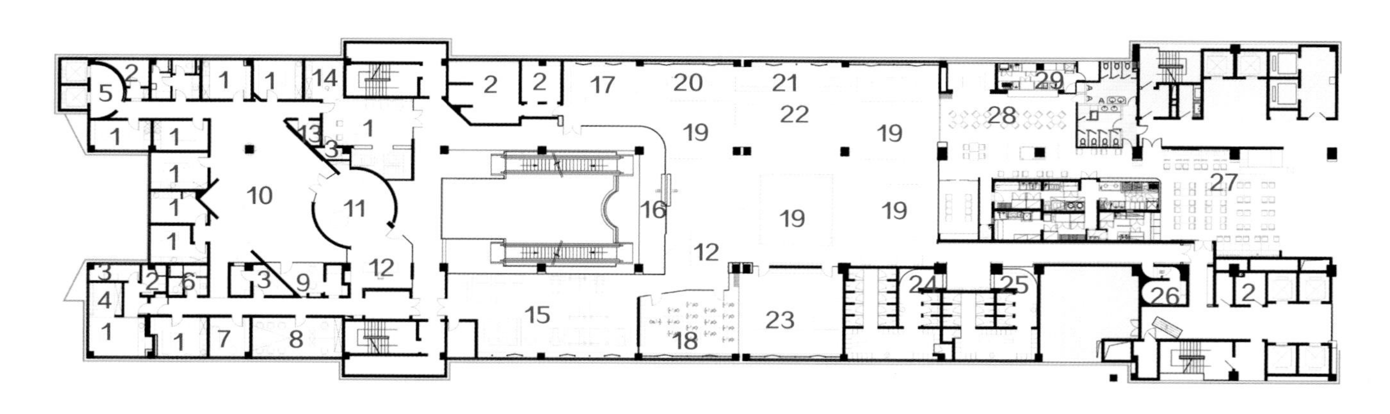

1. 美容室
2. 储藏室
3. 清洗消毒室
4. 更衣休息区
5. 第二入口
6. 卫生间
7.VIP 洽谈区
8. 办公室
9. 咨询室
10. 休闲区
11. 等候区
12. 前台
13. 茶水间
14. 美发区
15. 力量训练区
16. 主入口
17. 洽谈区
18. 动感单车
19. 拳台
20. 拳击沙袋
21. 人造草坪
22. 综合训练区
23. 瑜伽房
24. 女更衣室
25. 男更衣室
26. 理疗室
27. 餐厅
28. 酒吧
29. 水吧

平面图

RINGSIDE

RINGSID

RINGSIDE
RINGSIDE
RINGSIDE

RING
SIDE
RINGSIDE

RINGSIDE
RINGSIDE

RINGSIDE

对话主创设计师徐意俊、罗程宇、许施瑾

Q1：现在国内流行健身热，涌现了大量的健身空间，在设计此类空间时，最先考虑的因素是什么？最应该注意的是什么？

A：在保证功能实用性的基础上，视觉效果尤为重要，视觉不仅能带来美的感受，更能激发消费群体对健身的渴望热爱，最重要的是传达品牌的理念与价值观。社交属性也值得关注，现今消费群体对健身空间已经不仅仅是健身的需求，更把它当作下班后的一个社交场所，和朋友一起健身或者认识新的朋友都会成为场所的重要因素，因此把共享空间做好尤为重要。

Q2：好的设计不仅要符合市场，还要尽量为客户创造最大市场价值，你们如何在健身空间设计中让商业价值最大化？

A：为客户打造树立品牌的同时，建议业态上更为丰富，如 RINGSDE 植入了健康餐饮和美容美体的附加功能。健身空间中还有自动洗衣柜设备、零售运动产品等。增值服务的同时增值商业价值。

K11 韦德伍斯健身会所

项目地点： 辽宁，沈阳
设计机构： 外层空间设计室（OUTER SPACE DESIGN FIRMS）
竣工时间： 2018 年
项目面积： 4300 平方米
主要材料： 黑面包砖、大白、拉丝白钢、黑色仿大理石瓷砖、条纹地胶
摄影： 赵凯

杨基 / 主创设计师

毕业于鲁迅美术学院，2011 年第一次受朋友邀请正式介入健身行业，这几年下来，纯健身作品大概有 80 家左右，算是行业里的劳模。

背景

以国际潮流品牌为依据，时下当红的为 OFF-WHITE、SUPREME，我们借鉴了以上品牌在年轻人心目当中的影响，在场景里植入了一些潮流元素，符合现代人的消费心理以及客户的投资心理，以最简单最低档的装修材料来做出最时尚、最前卫的设计感觉，营造出一个非常有潮流感的空间。

动线

强化平面设计能力，以图案、条纹等来解决大量空白，完全以画龙点睛的方式为空间提气。

蜕变

入口处的金属材料仿佛带顾客来到太空，廊道光线昏暗，充分强调它暗黑的神秘感。利用场地的现实感觉，有氧区和休息区光线明亮，做到黑白对撞。

设计借用了服装橱窗式的展示方法，各种灯具、家具陈列，体现岁月感，表达世界的万物是相通的。家具设计风格古典与现代混搭，装修的环境同时尚是充分接轨的。

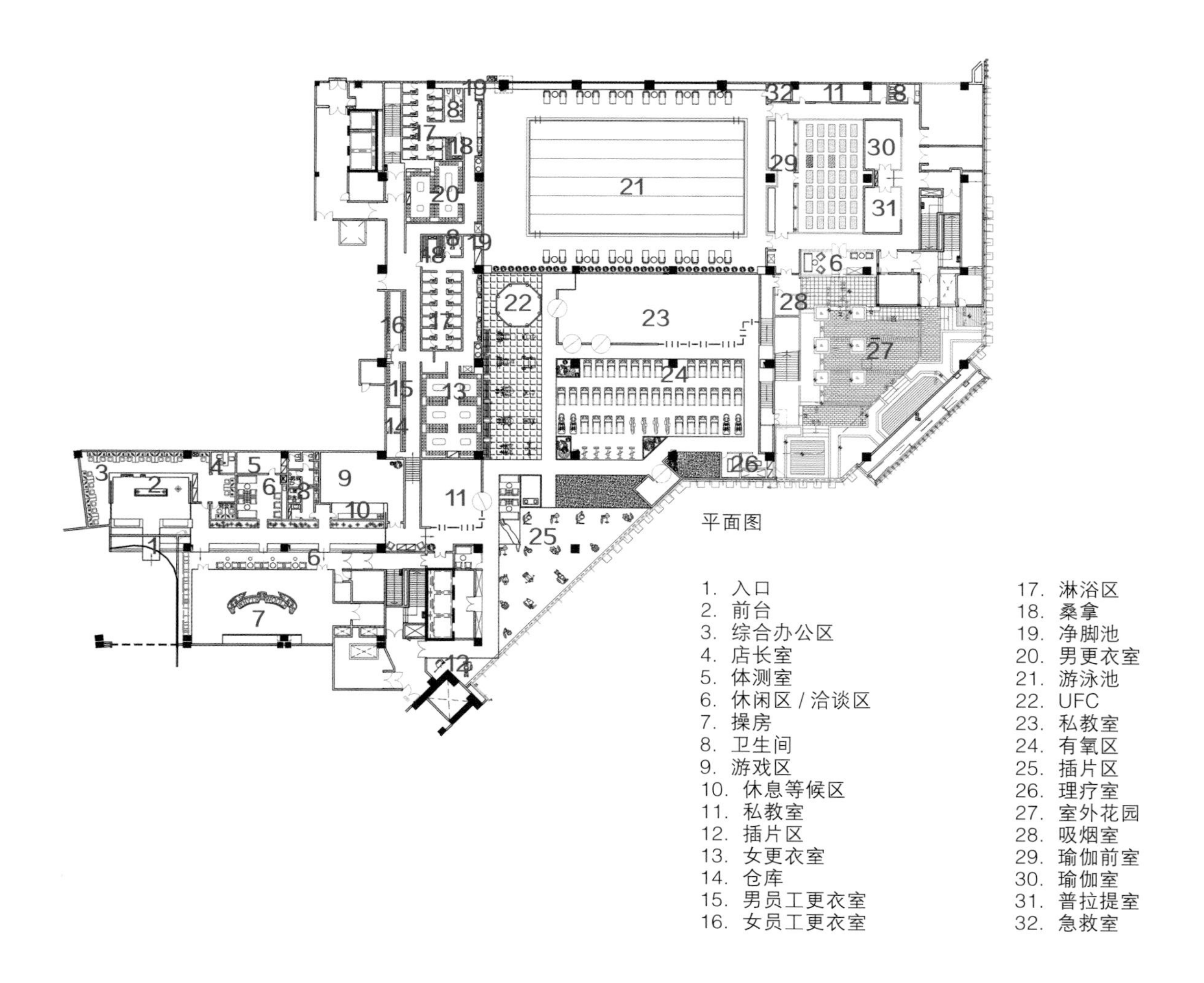

平面图

Whytewoolf
WHYTEWOOLF
WHYTEWOOLF
Whytewoolf
Whytewoolf

Reebok

WHYTE WOOLF
2018

对话主创设计师杨基

Q1：考虑到健身空间设计的特殊性，您认为相较于其他传统类型空间有哪些方面是需要重点考虑的?

A：当代的健身空间，需要给顾客提供一个能在运动之后相互交流的区域是至关重要的，所以我们认为所谓的休息区一定要做得大于家庭的温暖，比自己家的客厅餐厅更舒适、更合理、更美观。

Q2：设计师在健身房行业除了设计健身房之外，对于一个健身房品牌的塑造起到了怎样的作用?

A：中国的健身房品牌其实是近几年才刚刚进入到日程上的事情，在很久以来，健身房只不过是为一些在其他行业不大好打拼的不太有钱的创业者提供一个快速赚钱的机会，他们根本不会考虑品牌的营造，其实健身房在中国完全有它的独立生命力，与任何其他国家的健身行业相同，它给顾客提供了社交平台，不仅仅是一些器械的堆砌，更是人们灵魂交流的空间，因此打造一个能让很多人去喜欢、有点自豪感的健身空间至关重要。如果做到这一点，健身的品牌自然就诞生了。

纽博健身工作室

项目地点： 福建，莆田
设计机构： TD.D 室内设计
竣工时间： 2017 年
项目面积： 600 平方米
主要材料： 钢板、欧松板、水泥板
摄影： 张帆
设计风格： 自然工业

张帆 / 主创设计师

TD.D 室内设计公司主创。该公司致力于为客户提供一体化设计，贯彻从设计理念的形成到项目成案的整个过程。以专业的设计视角提升空间附加值，专注研究室内空间与人文空间的创造性和设计性。融合多年设计经验，结合新技术、新材质与新理念的影响，赋予设计作品新的深度与人文气息。

背景

出于对健身的爱好，受圈内的好友委托对此项目进行设计。此项目的定位是健身私教工作室，所以精致、空间合理利用是重中之重。

在项目的初期，与业主一直在纠结的问题就是项目原建筑基础是在 1971 年建设的，建筑本体已经破损不堪，对安装来说存在一个比较大的隐患，当时商量的重点就是是否推倒重建。但是我考虑了一段时间之后觉得，这个项目最大的特点就是建筑本体的一些复古元素，例如：瓦顶、裸露的砖墙。最后的确定方向就是在原建筑基础上加固后，进行内部设计。

FITNESS

05.0KG IRONBULL
05.0KG IRONBULL
07.5KG IRONBULL
07.5KG IRONBULL
10.0KG IRONBULL
10.0KG IRONBULL
12.5KG IRONBULL
12.5KG IRONBULL
15.0KG IRONBULL
15.0KG IRONBULL
27.5KG IRONBULL
27.5KG IRONBULL
20.0KG IRONBULL
25.0KG IRONBULL
22.5KG IRONBULL
22.5KG IRONBULL
25.0KG IRONBULL
20.0KG IRONBULL
17.5KG IRONBULL
17.5KG IRONBULL

动线

老旧的建筑主体拆除部分基本可实现的空间较小，所以我在两栋建筑中间加建入户小门厅，这样有效的区分开空间内的休闲区与运动区。合理利用原有建筑中庭的院子保留一小块篮球场，并加建大操房和单车房。

蜕变

主体的装饰部分，原有结构上使用钢梁加固，砖墙表面进行处理，二次批荡加强强度，之后的表面装饰部分直接使用水泥板、钢板的材料进行覆盖。在项目的灯光应用上，尽量采用点光源和灯带的设计，最大程度上取消主灯的使用。

色彩上为了贴合整个甲方 LOGO 的设计，大面积的使用黑色和橙黄色。

家具的选用上尽量选择了原木色的桌子，配合好清理的塑料座椅，作为休闲区的家具。

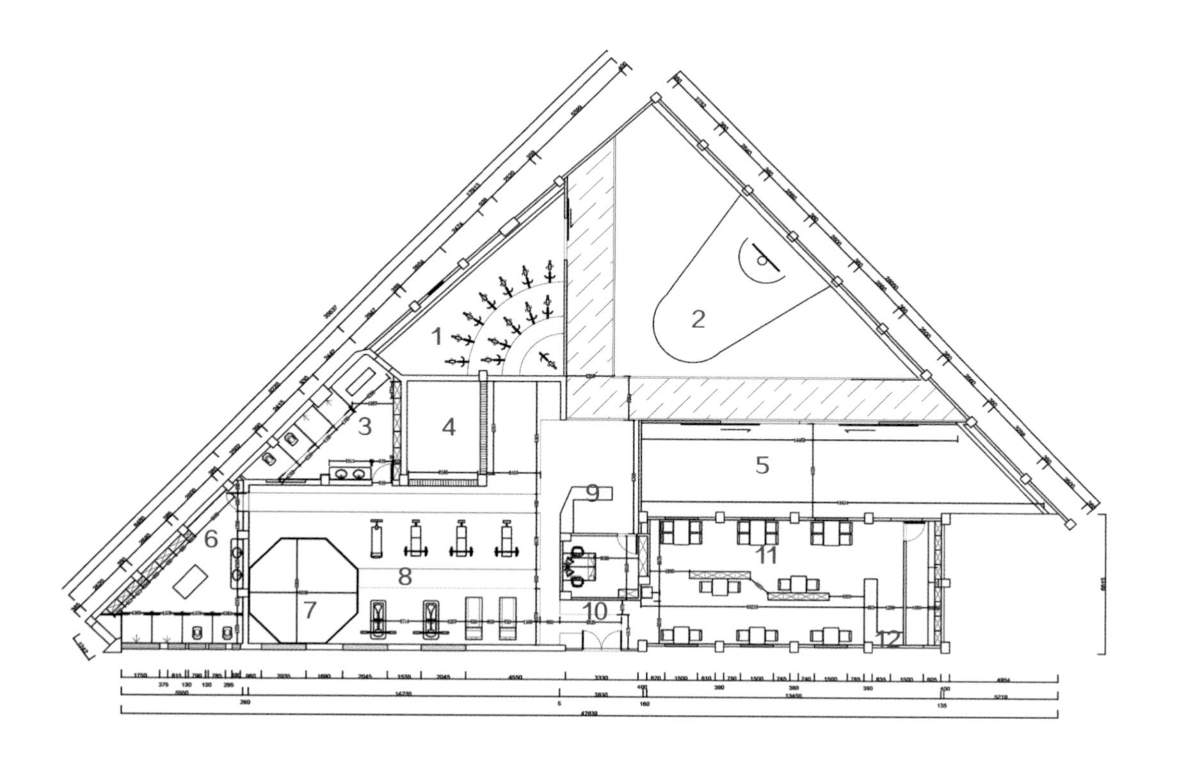

平面图

1. 动感单车
2. 篮球场
3. 男更衣室
4. 器械区
5. 操房
6. 女更衣室
7. 拳击台
8. 有氧区
9. 教练岛
10. 前厅
11. 水吧 / 休息区
12. 吧台

PLYOSOFTBOX

对话主创设计师张帆

Q1：科技的发展正在改变着人类的行为习惯，在健身空间的设计上，您会有哪些思考?

A：智能化、互动化、数字化的健身设备现在越来越多，因为这些设备也是一家健身房吸引客流的关键。所以这些设备上我们设计师需要多学多看，读懂设备真正的使用意义，在给客户做方案的时候，提出合理化的投资建议，综合空间设计要点，将客户的商业价值最大化。

Q2：考虑到健身空间设计的特殊性，您认为相较于其他传统类型空间有哪些方面是需要重点考虑的?

A：健身空间在设计时，我觉得首先了解健身是第一要素。因为这影响到整个空间的使用体验，器材区域如何合理布局、符不符合健身使用动线、会不会拥挤等问题都是考虑的关键。细节包括休息区的座椅是什么材料、大汗淋漓的健身爱好者休息时是否适合、是否容易清洗等细节。综合来说空间都有细分，一定要考虑细节。

Q3：一个好的设计完成离不开甲乙双方的理解和配合。您在设计过程中如何解决与甲方沟通问题，并送一句想说的话给甲方？

A ：碰到任何问题，都是有方法去解释和解决的。其实最好的办法就是多沟通、多聊天，读懂甲方对项目的理解。但是在此过程中并不是附和甲方的想法去做，而是我们需要多和甲方沟通，给甲方灌输一些空间设计上正确的方向。

如果还有机会，你还可以继续当我的甲方，哈哈!

KING FIGHT 素咖仕健身

项目地点： 辽宁，大连
设计机构： 福力家居有限公司（FLLLLLY DESIGN）
竣工时间： 2018 年
项目面积： 1280 平方米
主要材料： 灰色面包砖、灰色蜂窝地砖、灰色乳胶漆、银镜
摄影： 赵凯
设计风格： 街头

杨埜、周心岸 / 主创设计师

福力公司主创，该公司除做空间设计以外，以商业艺术品、纯艺术品、家具配饰为主导。打破以往单纯以设计或以家具配饰为主的形式，走国际化设计路线，不单是设计事务所，同时也经营自己设计的产品。

背景

单纯以搏击为主的健身会所，在国内仍然是一种新颖的事物，而在中国的邻国——泰国在这方面领先我们很多。泰国 TIGER 拳击馆就是其中典型代表，它留给我们的印象是单纯、简单的装修，配有大量的灯箱与指示牌。

该项目是全地下场馆，没有任何自然光的打扰，非常适合用霓虹灯、灯箱等发光指示牌来装饰，所以我们采用统一的灰色调为主，无论是墙、地面，加之精彩纷呈的灯箱来点缀其中，整个作品包含地下拳馆、酒吧，呈现出国际范的街头风格，颇受年轻人喜欢。

BOX
ING
MONAMI
TECHNOGYM

KING
KING
FIGHT
FITNESS CLUB

KING FIGHT
FITNESS CLUB
KING FIGHT
KING FIGHT
KING FIGHT FITNESS CLUB★
ING FIGHT FITNESS★

动线

环岛型导览方式为主，这种布局一是充分利用空间，二是便于导览。

蜕变

主要是以酒吧的灯箱、霓虹灯、招牌装饰为主，背景色调全体采用灰色，为了凸出精彩纷呈的灯箱与霓虹灯。让小小的场馆具有国际的潮流感，迎合了年轻人的审美，做到“哪里有年轻人，哪里就有街头”。

家具的选择主要是以工业风为主加以混搭。由于是地下室的原因，建筑材料主要以防水耐用为主要选择。

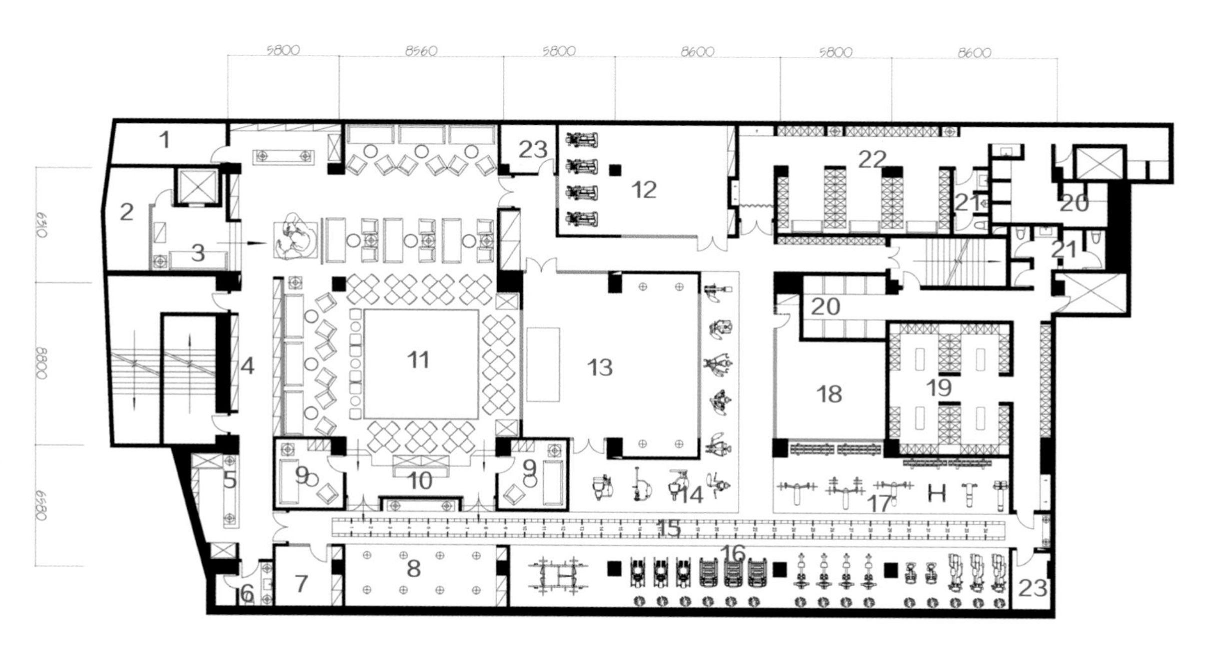

平面图

1. 办公室
2. 文身店
3. 休息等候区
4. 搏击商品展示柜
5. 吧台
6. 卫生间
7. 体测室
8. 搏击训练区
9. 洽谈室 / 休息室
10. DJ 台
11. 酒吧
12. 私教搏击室
13. 操房
14. 插片区
15. 阻力牵拉区
16. 有氧区
17. 自由力量区
18. 巴西柔术教室
19. 女更衣室
20. 淋浴区
21. 卫生间
22. 男更衣室
23. 仓库

KINGFIGHTFITNESSCLUB★KINGFIGHTFIT
BOXING

SCLUB★KINGFIGHTFITN
KING FIGHT

GHTFITNESSCLUB★KINGFIG

BIN LONG
BINLONG
NESS CLUB
ealthy Food/
ear/Fightgear
ontest

BOXING
KING FIGHT

KING FIGHT FITNESS CLUB
Fruit Smoothies/Healthy Food/
Drinks/Cigar/Fightwear/Fightgear
Combative contest

对话主创设计师杨堃、周心岸

Q：好的设计不仅要符合市场，还要尽量为客户创造最大市场价值，你们如何在健身空间设计中让商业价值最大化?

A：能迎合年轻人，能抓住眼球的才是最好的设计，设计师解决的是环境，健身房就分为三个部分，器械、环境、服务。其实服务和器械相差无几，剩下的健身房拼的就是一个好的环境，这就是我们能提供给甲方的最大价值。

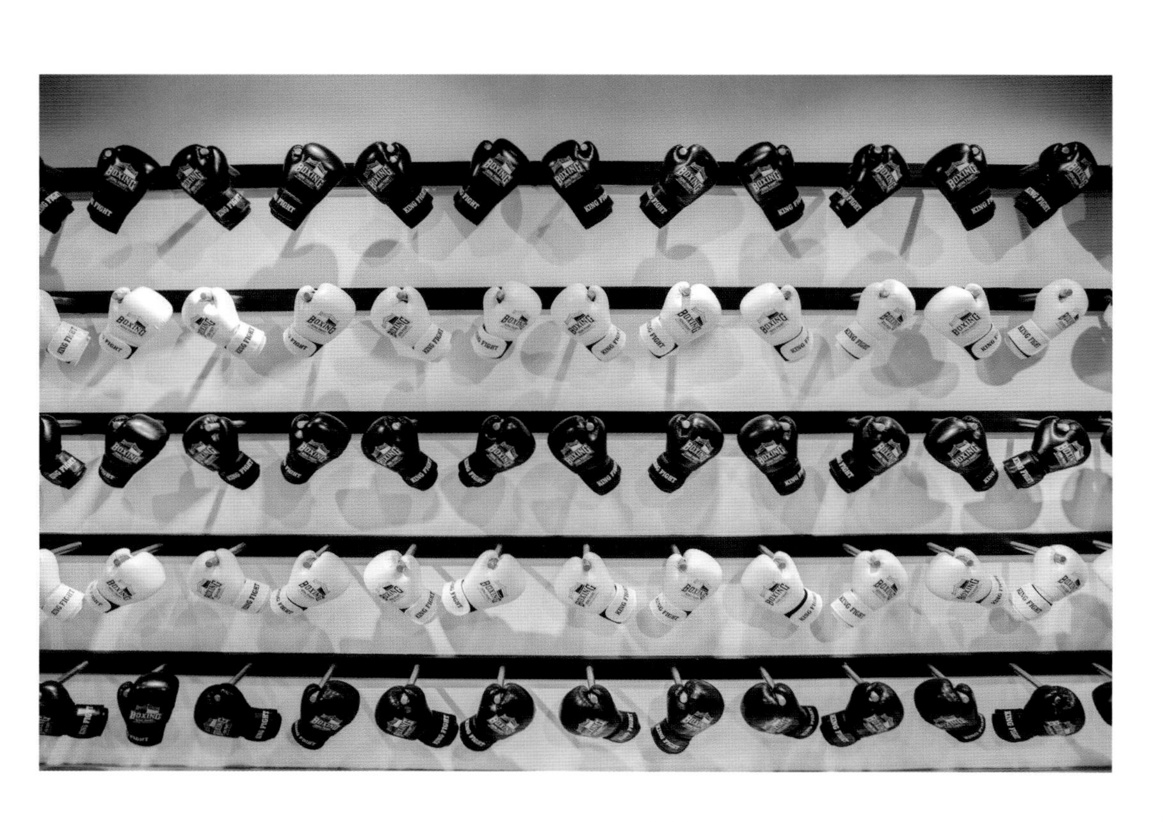

HILL FITNESS

项目地点：广东，深圳
设计机构：十米设计
竣工时间：2017 年
项目面积：1200 平方米
主要材料：不锈钢、耐候钢板、肌理漆、石材
摄影：李双
风格：现代

李双 / 主创设计师

毕业于东北师范大学，设计艺术学硕士学位，投身健身场所设计已久。提倡空间的本质属性及自然属性，注重人在空间的体验感。所设计的场所多结合自然理念，让使用者切实地感受到环保及负离子的作用。

背景

项目坐落于深圳繁华的华强北商圈，占地面积 1200 平方米，属空间改造项目。由原来的餐饮空间改造为健身空间。

动线

项目设计概念为“健身展览馆”，健身者为整个空间的“展品”，展示人们追求健康及完美身材的过程和毅力。空间设置分为前台区、开放有氧区、洽谈区；半开放自由力量区、器械区、私教区、搏击区；封闭式操房、更衣室及办公区等。

空间与行为和艺术是分不开的，整个空间围绕“展示”进行布置，进门处增设过渡空间，以一条走廊引人至健身场所；吧台服务和休息两用，体现场所的开放性与包容性；有氧区参照 T 台的表演形式，锻炼者即表演者，即空间的主体；洽谈区呼应整个空间开放自由的态度，根据锻炼者各自的行为形成不同的洽谈模式；器械区与自由力量区设置独立的空间，强调独特的展示功能，休息的顾客可以通过墙壁的小孔与空间内产生视觉的互动；而不同空间之间也通过墙壁的孔形成光的交错；瑜伽房结合空间中的柱子将空间从视觉上分为四个小空间，搭配墙壁不规则的灯光，给人以静谧感受。

蜕变

空间整体以灰色为主，突出使用功能的区域，增加灯光配置，突出空间的展示性。

整体灯光以 4000K 的射灯为主，经过防眩晕处理，令使用者感到更加舒适亲和。灯带的使用增强了空间的延展性，材质以不锈钢、耐候钢板、肌理漆为主，营造场地的粗犷感。洽谈区设计的铁架组合，配合使用的行为，更想让使用者感受空间的自由。

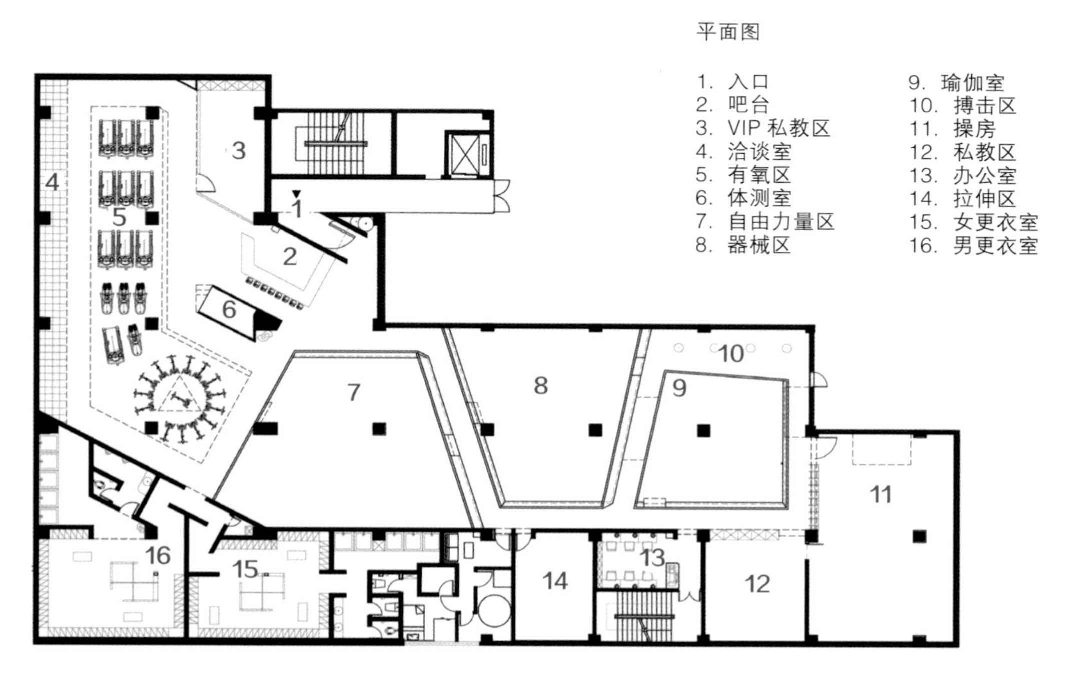

平面图

对话主创设计师李双

Q1：健身空间相较于传统的功能型健身，越来越往社交、休闲方向发展，您觉得近几年健身空间的设计会有如何突破和转变？

A：健身空间将不再局限于标准化的复制模式，更多的创新点和彩蛋赋予未来健身空间，在空间中遇见惊喜，是人们追求的一种新的刺激，好的健身空间将成为网红打卡之地。

Q2：好的设计不仅要符合市场，还要尽量为客户创造最大市场价值，您如何在健身空间设计中让商业价值最大化？

A：我的设计会考虑到以下几点：最大化的提升空间利用率；参观动线和使用动线细致分析；材料使用上必须经过专业的考量。

无上健身

项目地点：云南，昆明
设计机构：方尺建筑环境艺术设计有限公司
竣工时间：2019 年
项目面积：680 平方米
主要材料：金属不锈钢
执行设计：方春红、吴鹏
摄影：形在建筑空间摄影

方飞 / 主创设计师

毕业于云南艺术学院，后进入清华大学美术学院进修环境艺术设计。曾在母校任教，任教期间有幸进入恩师创立的设计公司。现为方尺空间设计事务所创始人 & 总设计师。

背景

是力量的无上，还是精神的无上。作为金格时光店里唯一的私人健身会所，或许它也渴望身份感的“无上”。获有无数奖项与冠军的甲方带领他的团队一步步建立起自己的品牌，这个全新的金格门店承载着太多品牌的美好回忆与新的起点，需要我们营造一个与以往截然不同的健身空间。最终，我们希望它是专注的、精致的、温馨的、舒服的，与以往健身空间有所不同的“纯粹”。

I J K L M N O P Q R S T
METKON
5 KG
10 KG
15 KG
25 KG
HAMMER STRENGTH

动线

如何创造日常中的不同，如何打破创造的常规，如何用设计点燃新的火花，是我们与此次甲方的共同认知和追求。于是象征“无上”的白就成为了主色调，以更“纯粹”的外观，给予空间舒适、自然的感觉。叠加不锈钢材质来构成整个空间主体，增添一抹精致与酷炫。平面布局采用了几何线条来拉升空间感与力量感，合理划分空间的同时，传递时尚简约的视觉感受。顶部直角和折角的碰撞与融合，营造出丰富的光影效果和空间层次。“矩形”是直接体现力量和棱角的形状，三个矩形构成的整个横向空间是我们最直接的力量表达。“三角”是对坚韧不拔的最佳诠释，在矩形横向延伸中加入三角的顶面与镜面，让无上的运动精神得到最大的解读。

打破常规，厨房式样的营养餐区，让会员制的健身房拥有家的归属感。提升品质和体验感的同时，与客厅般的洽谈区遥

平面图

1. 入口
2. 有氧区
3. 综合训练架
4. 动感单车
5. 中岛台
6. 综合训练区
7. 厨房
8. 器械区
9. 储藏室
10. 办公室
11. 儿童娱乐区
12. 前台
13. 休息区
14. 陈设展示区
15. 男更衣室
16. 淋浴区
17. 卫生间
18. 女更衣室

相呼应，谁说不可以将健身房当作“家”。

我们给予了自由力量区更加丰富的金属质感和更大面积的镜面运用，每一寸光线和反射都记录着顾客的每一寸进步。任何缺陷在“纯粹”的承托下无所遁形，这是催促着你去进步的动力。

更衣区寂静而神秘的格调，简约而大气的布局，让设计回归生活的本质，更符合现代城市的生活方式。

纵与横、上和下、黑或白，通过设计的连接而和谐共融。这样的空间交接，是我们与之对话的过程；也正是通过这样的交接，让空间变成展示和烘托产品的载体。

蜕变

电梯厅的白色石材，搭配皮质家具与深色木头，从空白画布中脱颖而出，焕发新生，营造不刻意的极简和轻奢。

屋顶的几何感、层次以及适当丰富的色彩搭配，密集却有序，

描绘出具有特色跟高级的空间氛围。三分之一灯膜的贯穿变化，在纯粹中寻找“不单调”。如同 Apple Store 一般的大型灯膜吊顶独具未来主义。

冲孔铝板的金属质感，让整体自然过渡且增添一丝硬朗挺拔的力量感。可移动的镜面，给空间带来专注、明亮的氛围，让每一寸的肌肉线条统统一览无余。金属不锈钢材质的整体式通道、台阶和纯白灯带、白波地面、四面不同材质的反射，让场域变得更加简洁轻盈。空间、色彩、流光、映像……动与静，在此刻交融。

黑白色调的冲击，作为贯穿整个空间的媒介，使我们获得了与其动静结合的纵向对话。而镜面映射出的另一维度，在虚实之间，拓展了视觉的层次与广度。在整个光线充斥的空间内，反射显得尤为重要。“镜像”所带来的自我省视，是我们想在这个空间中向每位顾客传达的信息。

腰带上的名字，与它所记录下的汗水，仿佛在诉说“设计”是给顾客的“礼物”。

后记

精致的细节起到了以少胜多、以简胜繁的效果，营造出一种心灵的安静。在保证设计风格统一的同时，结合了不同的设计技巧，将其分为了刚性的部分和流动的部分。

我们希望无上健身这个空间是动静相宜、冷静热烈、纯洁但充满活力的空间，从横向的“矩形”到纵向的“折线”；从顶面的纯白到立面的镜面；从金属到皮质家具；甚至是每一寸的材质拼接、收口工艺等细节都力求完美。结合专业的灯光设计，以及甲方悉心挑选的国际知名器材，无不让人在冷峻中寻求到一种超现实的平衡，为健身过程再次加分。

STAR TRAC

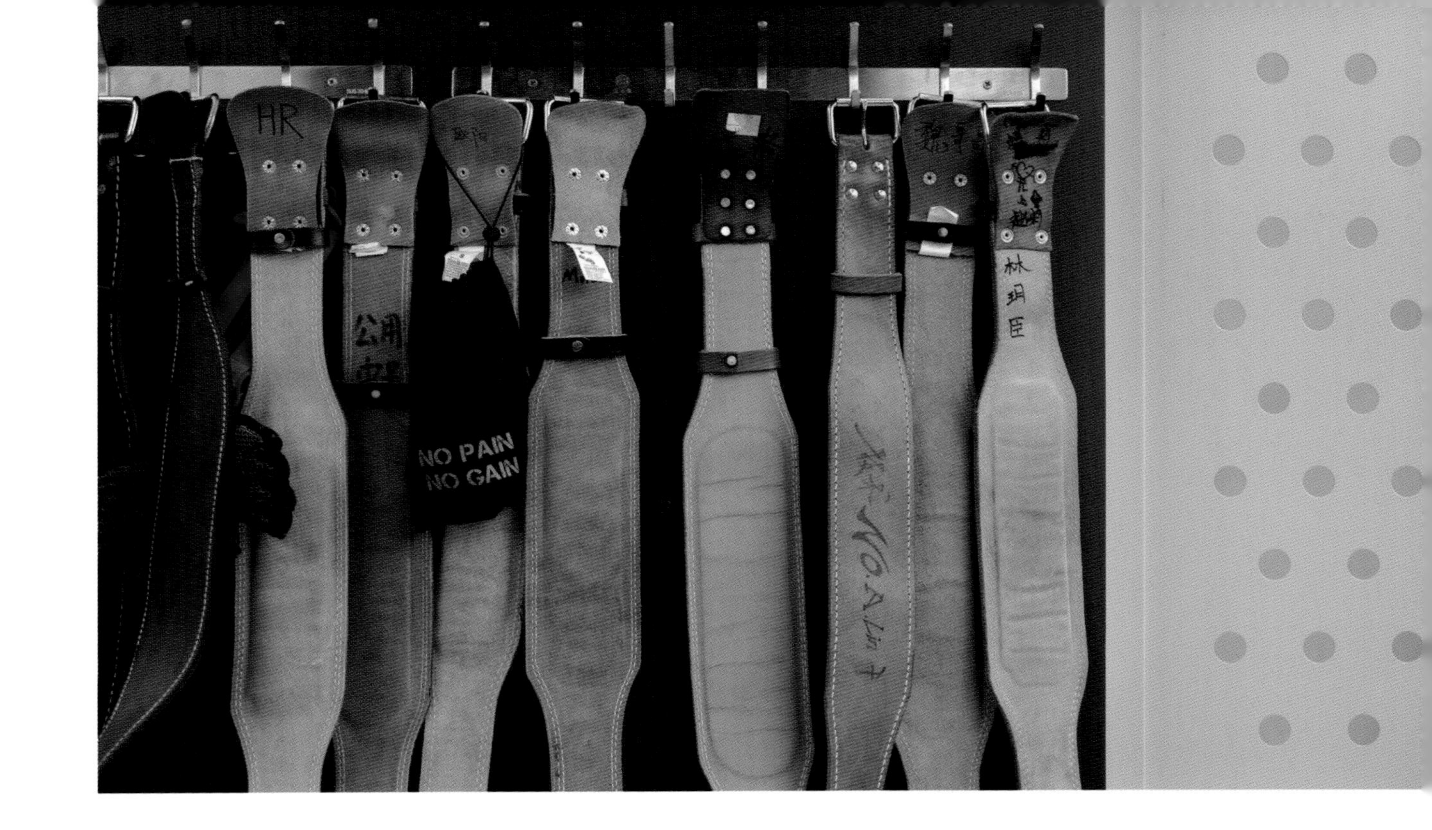
HR
公用
NO PAIN
NO GAIN

KO 轻拳馆

项目地点： 上海，徐汇
设计机构： 栋栖建筑设计（上海）有限公司
竣工时间： 2017 年
项目面积： 680 平方米
主要材料： 钢、实木多层板、金属网
摄影： 刘瑞特

姜南 / 主创设计师

硕士毕业于瑞士苏黎世联邦理工学院，在 2014 于上海创立栋栖建筑前曾实习于荷兰跨国建筑设计公司 UNStudio，曾担任香港大学建筑学院上海中心客座评审，致力于探索和实践在建筑和产品设计领域传统手工艺和数字化信息技术之间的关系及融合。

背景

由栋栖设计的 KO 轻拳馆坐落在上海市中心，由一幢老建筑的一层改造而成，是一个具有全新健身理念，以拳击为主题的健身训练馆。

BASEBODY
30
20

beer_bank :)
KO
轻拳馆
Fight Club
Meets Night Club
ROC
KET
COFFEE
& MORE

冲刺*20
剪刀步*10

动线

设计师想营造出简明同时充满力量感的运动空间。该项目从概念阶段开始设计师便与结构工程师密切沟通，在净高 5 米的室内局部设置了悬挂无柱钢结构夹层。夹层的楼板为整块焊接钢板，10 片变截面的 8 毫米钢板作为加劲板，被等跨地布置在夹层钢板下。加劲钢板根据受力截面由中心向两端逐渐收缩，并在楼板边缘处上折，作为悬挂承重结构最终与屋顶混凝土梁间的预埋件铰接，视觉上营造出强烈的运动感。通过角钢固定楼面运动地胶，楼板边缘以最为轻薄的方式展现在人眼前。悬挂结构在功能上使整个一层地面被释放出来，没有增加任何竖向构件，最大程度延展了运动使用空间。一层作为创新循环训练区，钢结构夹层为传统私教区。

外部空间以白色为主，与内部全黑空间形成强烈对比，气氛更为开敞和明亮。被钢索和电线倾斜悬吊的 LED 灯管序列在两端玻璃和镜子之间的反射无限延伸了整个通高空间，增加了空间的动感元素。

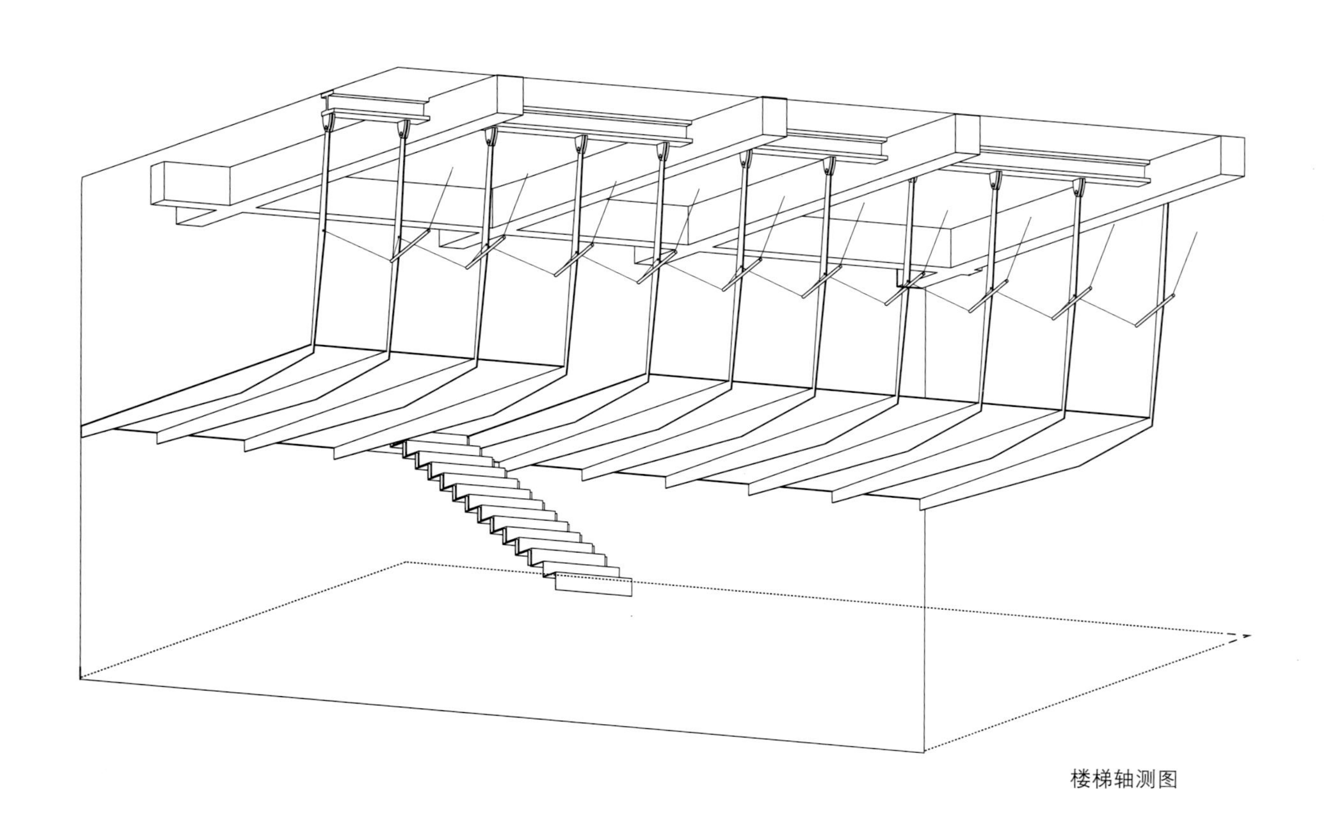

楼梯轴测图

蜕变

金属网面是空间内的主要材料之一，夹层楼板边沿以金属网作围合材料。以角钢成对分隔金属网，同时承担金属网的支撑结构。入口前台和更衣储物柜同样使用角钢和金属网作为主要材料。

楼梯钢板上铺木材，木质面层内收，露出了钢板轻薄的边沿，使楼梯的结构关系从侧面清晰可见。混凝土墙面与楼梯和前台的木质面层形成反差。

一层的空间也可以完全展开的悬挂折叠门划分为内外两个

空间。内部为纯黑空间，精心设计的 UV 灯、紫光灯等照明结合科技元素，营造出夜店般的动感节奏和光线。经过计算后拳击水袋悬挂在夹层楼板下，配合灯光创造出热血沸腾的训练气氛。

金属网面和角钢被喷涂成白色，提亮了室内色调的同时，与紫色的承重构件形成对比，强调了悬挂结构的受力部分。冷暖材质、明暗色调的对比以及片钢梁的折线边沿都与健身房活力动感的气质相协调。

立面被设计成两层通高的玻璃幕墙，互相留出间隙的四根角钢组成一组，与室内角钢的使用相呼应的同时固定两侧玻璃，成为分隔立面的主要元素。通透的立面在纳入更多的室外光线的同时，使路人从外面就能感受到室内快要满溢而出的动感活力和不拘一格。

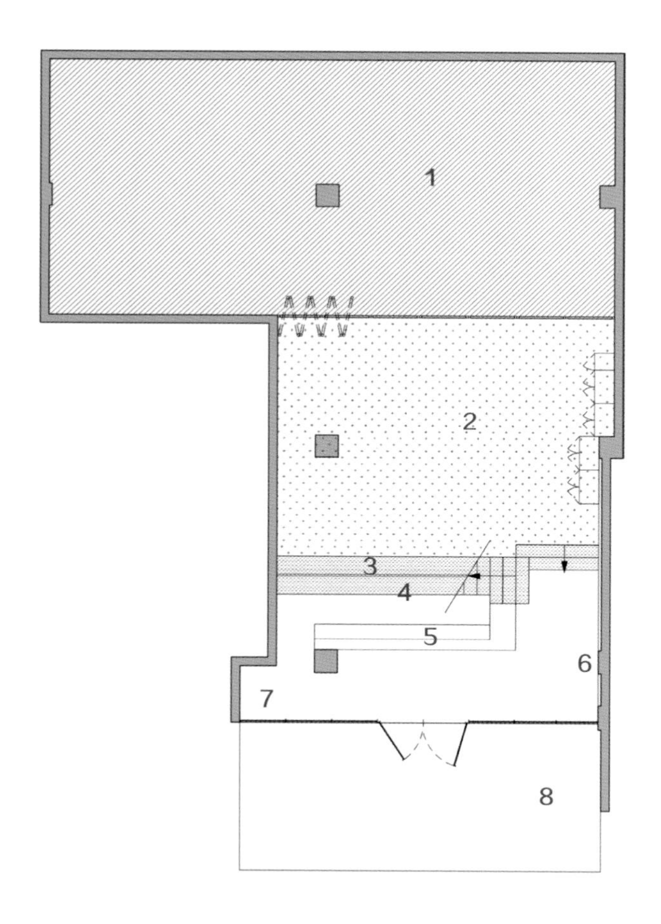

平面图

1. 功能训练区
2. 训练区
3. 储物架
4. 寄物柜
5. 前台
6. 休息区
7. 陈列展示
8. 室外休息区

SEXY
BODY
THIS WAY

EVERLAST

X-BUFF 工作室

项目地点： 贵州，贵阳
设计机构： 北京花漾年华室内设计有限公司
竣工时间： 2018 年
项目面积： 152 平方米
主要材料： 理石、玫瑰金
摄影： 张龙
风格定位： 轻奢

孔雷、张温柔（张思雨）/
主创设计师

北京花漾年华室内设计有限公司成立于北京，主要从事健身空间、运动空间等领域的全案设计。其创始人孔雷注重现代文化审美与功能艺术的融合，探寻设计的平衡与变革、力量与艺术的对话、设计与建筑的碰撞。

背景

在贵阳 X-BUFF 工作室内，通过深度沟通，将甲方的想法与我们的设计理念不断融合。

在这套方案中，我们从 X-BUFF 工作室的功能定位、品牌概念以及目标消费者定位出发，创造出了适合 X-BUFF 工作室的设计风格，确立了“小轻奢更简约”的设计理念。

X-buff
X-buff

29
22
36

X buff

动线

在整体空间中我们运用黑白灰与黑科技健身风格相结合，局部运用木质元素作为空间点缀，用大理石与木色进行区域空间分割。

我们将玫瑰金材质贯穿在每一个空间，让空间充满轻奢格调，符合 X-BUFF 健身工作室的品牌定位，给会员优雅大气的视觉体验。

前台区域墙面做了网红墙设计，不同数字代表不同训练时间。

休息区，木质元素背景墙，让空间的视觉点凝聚在吧台。由于是高楼层且地理位置优越，设计师将原空间阳台设计为休息区，会员休息时可将贵阳美景尽收眼底。在结合硬装色调和

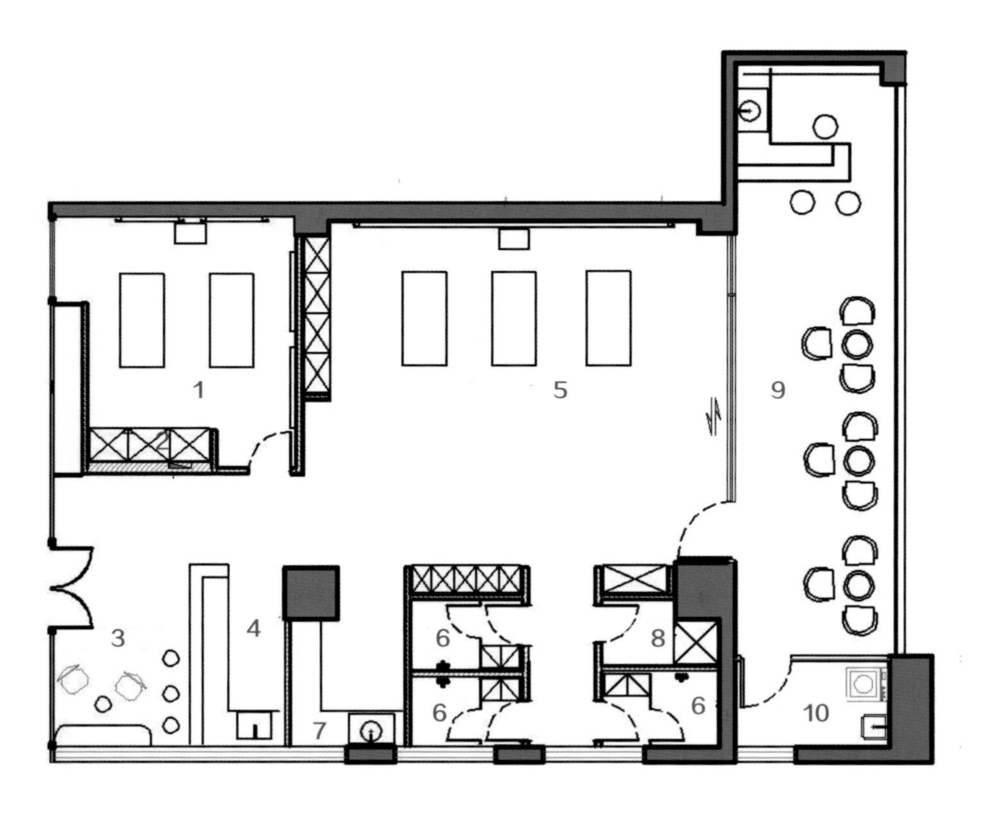

平面图

1. 训练区
2. 置物柜
3. 洽谈区
4. 前台
5. 小团体教室
6. 淋浴室
7. 梳妆区
8. 更衣室
9. 休息区
10. 洗衣房 / 储藏室

X-BUFF 工作室

环境基础上，在过道摆放大量绿植，营造一种自然感觉，增添室内生气且与室外景色相融合。

蜕变

VIP 训练区域，简约墙面装饰金属画框，画框上设墙壁射灯，整体设计意在营造艺术展的氛围，高级艺术范，给会员不一样的健身体验。画框下方墙面利用玻璃与鹅卵石做了分割设计，钢化玻璃的选材，既具有普通玻璃透明性的特点，增强室内与室外的沟通，又能保证安全性。

开放式训练区域、X 形顶面装饰是 X-BUFF 品牌的一种体现。考虑到 XBODY 一带三训练的特点，设计大面积镜面，方便会员训练。

网红墙选用白色，更贴合主题，白色文字与黑色文字的冲突撞色，使整体空间呼应感更强。

顶面分缝设计，视觉上将公共空间与洽谈区域分割开。

后记

会员根据自己训练时间在不同区域拍照，通过不同时间的身材变化，让他们真切体验到训练两个月实现塑身减脂的真实性。

X-buff

寰图健身工房

项目地点： 上海，黄浦
设计机构： 广东未来城市品牌管理有限公司
竣工时间： 2018 年
项目面积： 1700 平方米
主要材料： 钢化隔断隔音玻璃、木质墙面、木饰面板、减震地胶、水泥地砖、墙砖、肌理水泥漆
摄影： 钟家明

吴世铿 / 主创设计师

广东未来城市品牌管理有限公司创始人，该公司专注于空间品牌策划与设计，是全国室内设计空间品牌策划设计专家，是能够提供一体化整合服务的专业室内设计公司。

背景

第一次与寰图（ATLAS）合作，我们了解到它的理念——尽情工作，尽兴生活。这不仅是工作健身的场所，更是成就顾客独一无二非凡之旅的目的地。由定性为永久建筑并作为配套长期运营方向出发，我们希望此空间给人们带来的感受是舒缓的，长久存在但不会疲惫。

01
PLYOSOFT BOX
02
PLYOSOFT BOX
03
PLYOSOFT BOX

动线

在设计之初，将空间的布局安排在平面、规划空间、功能分区和布局设计中，并提出设计的观点。

蜕变

颜色匹配，只是颜色在适当的位置，做最好的安排，同时，通过印象或联想，色彩心理效应，配色的作用是通过改变空间氛围和环境舒适程度满足人们需求的所有方面。

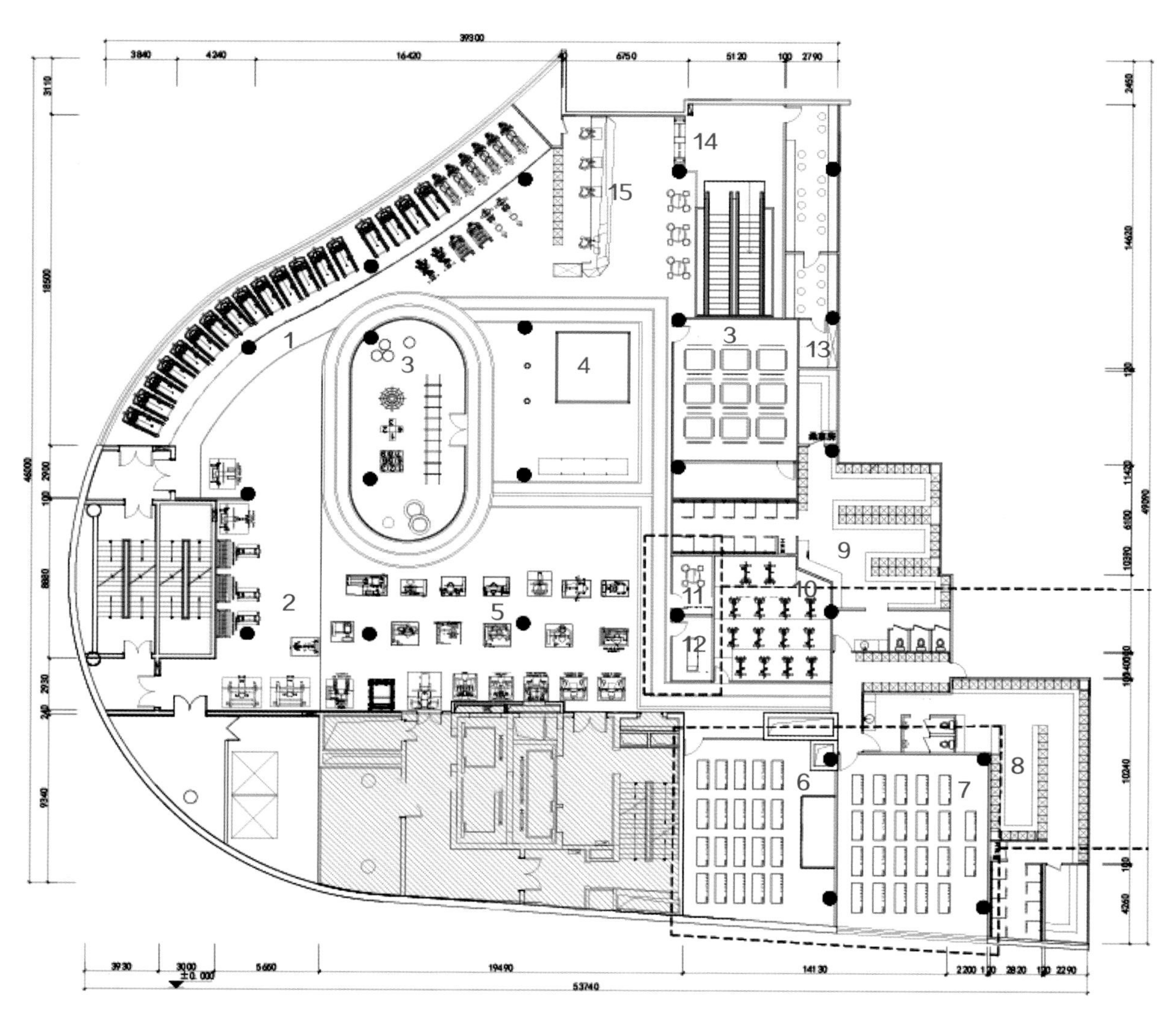

1. 有氧区
2. 自由力量区
3. 私教区
4. 搏击区
5. 固定器械区
6. 操房
7. 瑜伽房
8. 男更衣室
9. 女更衣室
10. 动感单车
11. 洽谈室
12. 体测室
13. 储藏室
14. 入口
15. 前台

平面图

ATLASFITNESS

通过材料的选择，将不同的材料放置在合适的位置，做出最佳的安排，达到大效果的和谐整合。搭配材料的作用是通过改变空间的舒适度和氛围来满足人们的各种需求。

我们采用几组不一样造型的艺术吊灯组合在不同的区域做文章，丰富了空间的趣味性。也通过异型天花吊顶与前台协调相呼应。除了这些装饰我们也把寰图的 VI 里面的字母 A 元素运用到里面，无论在玻璃上还是天花吊顶，都会一丝不苟地把元素呈现，通过这些细节的设计语言让空间更有品牌的识别性与人性化的情感。

LASFITNESS

ESCAPE YOUR LIMITS.
ESCAPE YOUR LIMITS.

S AMAZING ALWAYS

懒人 CLUB

项目地点： 福建，福州
设计机构： 福州元本设计装饰设计有限公司
竣工时间： 2018 年
项目面积： 1000 平方米
主要材料： 水泥漆、不锈钢、PVC 地板、铁板、钢化玻璃等
摄影： 李迪

吴文汉 / 主创设计师

1987 年生，2010 年毕业于福州大学，室内设计师，现任职于元本设计公司设计总监 。

背景

本案场所位于城市的主要干道上，人流密集，周边都是高端写字楼及商场。

LM
68
LESMILLS
NEW RELEASE OUT NOW
LES

动线

设计师考虑整体空间各个产品的特性，保留了承重结构，将空间中多余的结构拆除后得到了一个开放的空间，并在新的空间内重新规划平面方案，使整个空间功能合理、动线舒适，同时通过材质的运用及灯光的表现使空间呈现具有科技感及高级感。

力量器械区考虑到用户在使用时避免眩光，利用二次照明，通过光线的反射手法达到照亮整个室内空间的效果。

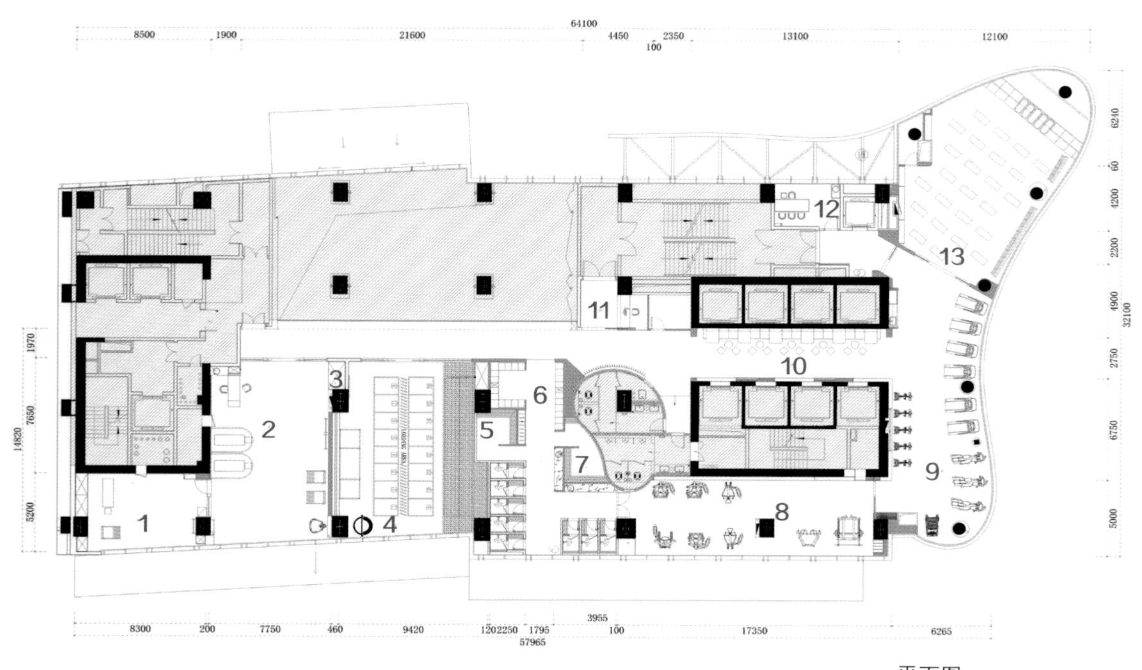

平面图

1. 美人姿造馆
2. 人体维修站
3. 道具柜
4. 综合训练区
5. 男更衣室
6. 公共储物区
7. 女更衣室
8. 固定器械区
9. 有氧区
10. 休息区
11. 前台
12. 洽谈室
13. 多功能操房

懒人 CLUB

BELIEVE IN YOURSELF
CLUSTER

FORGING ELITE FITNES
CROSS
懒人club
CLUSTER
CLUSTER

多功能操房通过设备的有序陈列打造场景化，提高使用者及运营者的效率。灯光结合原空间外景染色灯光打造舞美效果，映射在水蓝色的地面上，光与影在这里相互交织。

综合训练区（CROSSFIT）以多功能的产品内容为基点，从墙面、地面、天花板多维度考虑，结合专业的健身设备加以设计整合。整体空间以黑金色为主，配合灯光的运用，使空间更具有张力。白色直线灯光勾勒着每一柱跨的空间，在尽端的镜面里得到延伸。

蜕变

“透过光，空间可以被重塑。事实上，我们可以在光存在与不存在的地方停止视野的渗透，像空气，白天我们无法通过它看到星星，但是只要星星周围的光线变暗了，星星自身就显示出来，这种视觉的渗透不复存在了。”

——詹姆斯·特瑞尔

光，被众多艺术家加入自己的作品中，传递其中蕴含的哲学。设计师旨在通过光描画空间，使空间自然被分割为不同功能模块，同时为健身者带来视觉上的动感体验。透过 LED 灯将健身器材及健身空间变幻出不同的光影形体，呈现出运动的力量美感。

强而有力的灯光几何线条贯穿于整个空间，线条的韵律与质感如同身体肌肉的曲线，强化了整体设计概念中的运动感与力量感。

康复运动馆以医疗概念为背景，在设计中运用自然材料，加入木材、瓷砖等材质，并运用柔和的色彩与灯光给予空间一个有机而柔软感觉，从而使客户感受到舒适与健康。

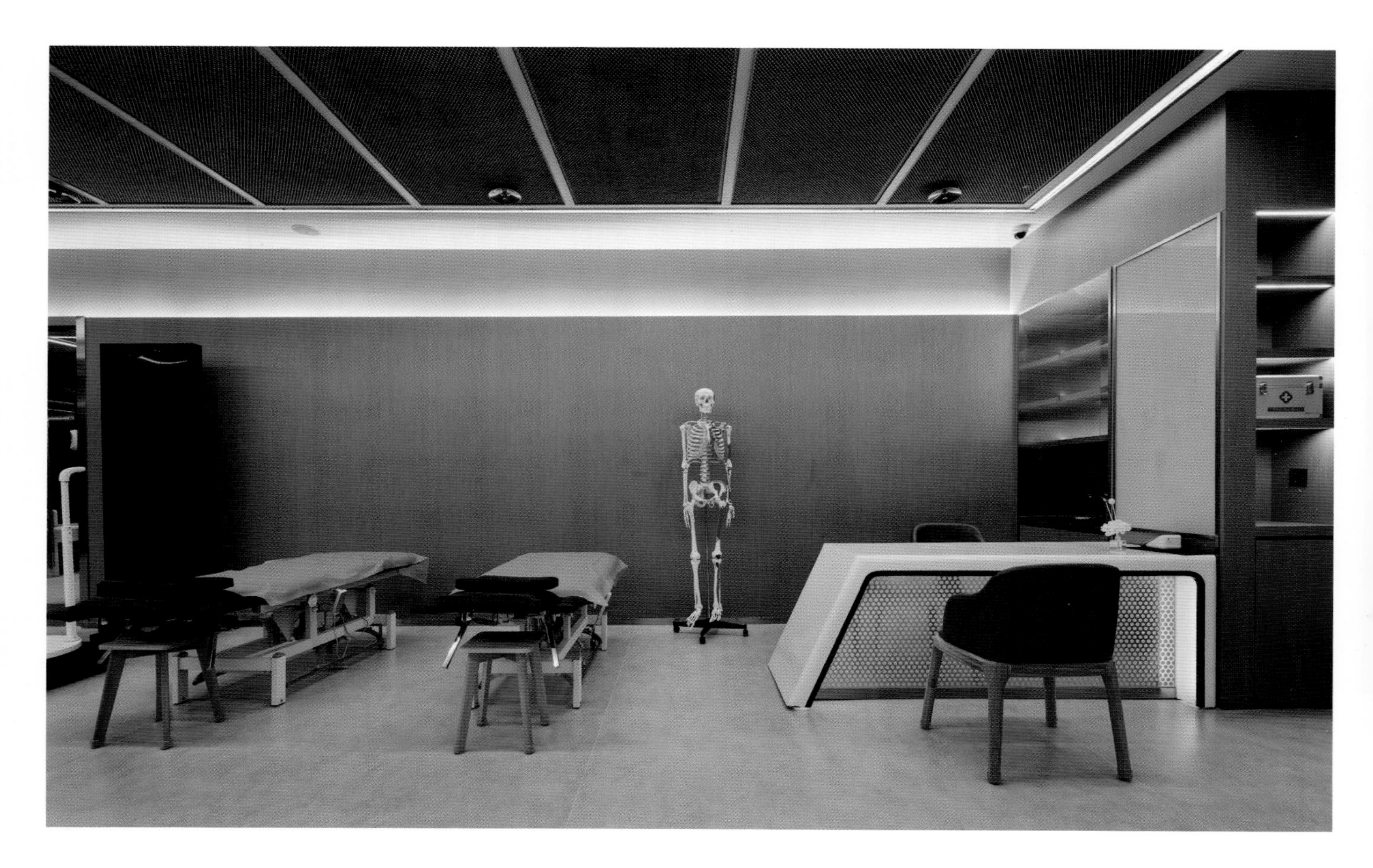

R FITNESS 健身工作室

项目地点： 上海，嘉定
设计机构： 拾集建筑（XU Studio）
竣工时间： 2017 年
项目面积： 300 平方米
主要材料： 不锈钢、乳胶漆、彩色玻璃、灯带、自流平
其他设计师： 何志伟、蒋瑜桑
摄影： 王佳梁
设计风格： 现代、光影、酷炫、力量

徐意俊、罗程宇、许施瑾 /
主创设计师

拾集建筑创立于 2016 年，是由一群跨专业的青年设计师所组成的新锐设计团队，坚持认为每个项目具备其独特性，与其所处文化背景，品牌策略息息相关，致力于以简单真实的材质创造灵活多变的空间，作品已赢得了世界范围内的媒体关注。

背景

备受关注的国内健身行业多次更新换代，传统的大型健身房已不能满足新年轻群体，他们更倾向于专业的有针对性的训练项目，因此越来越多的小型私教工作室应运而生，R FITNESS 健身工作室就是其中一家以力量训练为主营项目的小型私教工作室。项目落成后广受好评与欢迎，目前品牌方正积极拓店中。

Fitness

动线

光，被众多艺术家加入自己的作品中，传递其中蕴含的哲学。在这 300 平方米的私教健身房中，光成了空间中的重要媒介，贯穿始末。设计师旨在通过光描画空间，使空间自然被分割为不同功能模块，同时为健身者带来视觉上动感与干练的体验。

空间的核心是一个红色透明玻璃盒子，盒子采用阵列灯光与镜面，反射中，光与红色重叠交汇，无限延伸；地面的高反射环氧树脂倒映了红盒子和周围的发光物体，使得空间充满戏剧性。

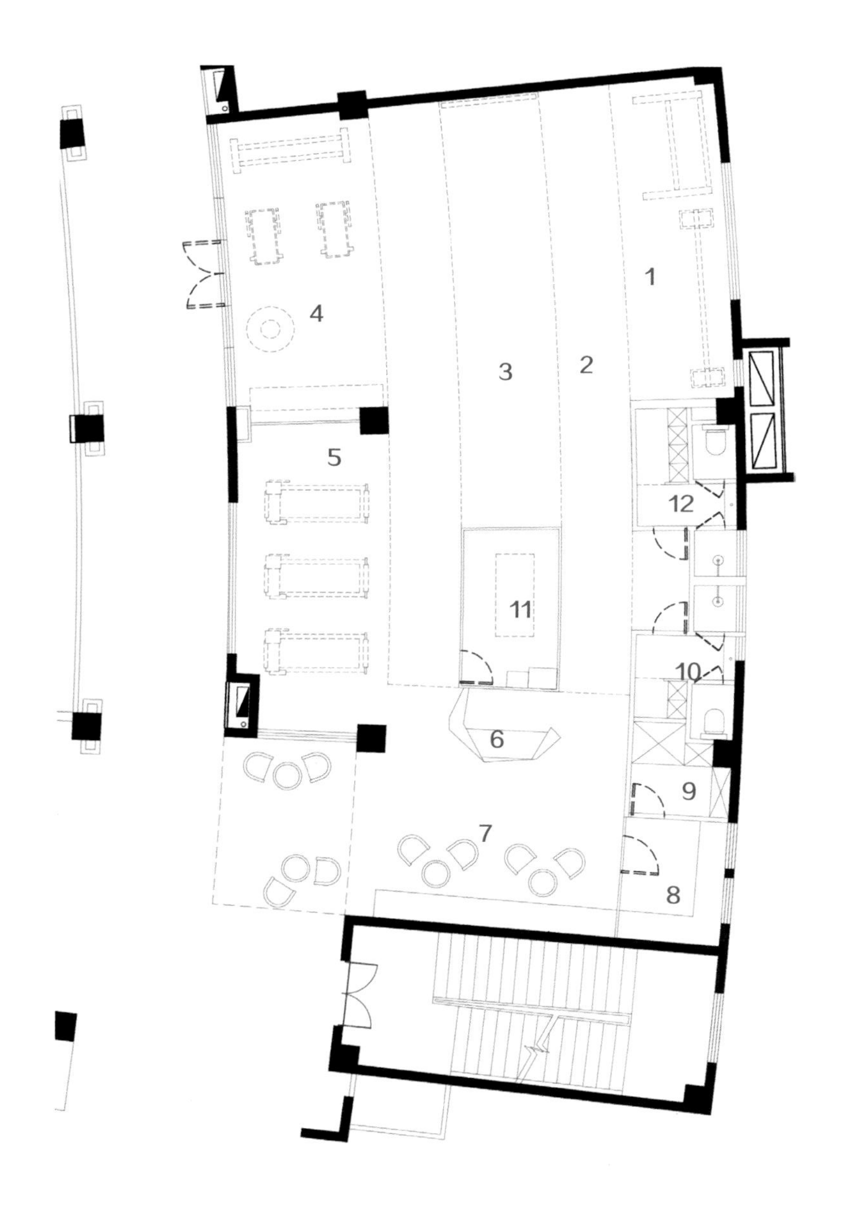

平面图

1. 力量器械区
2. 雪橇车训练道
3. 开放活动区
4. 小型器械区
5. 有氧区
6. 吧台
7. 餐饮区
8. 备餐区
9. 员工更衣室 / 储藏室
10. 女更衣室
11. 拉伸活动室
12. 男更衣室

蜕变

红色与黑色，传递着品牌的理念、力量与专业。入口户外红色铺地延续至室内，经过立面翻折成吧台造型，墙面与地面以红黑两色统领，通过折线由地面出发延伸至墙面。

前台等候区的白色日光灯管，横竖交叉，自由组成艺术灯具，映射在不锈钢墙面上，光与影在这里交织。

白色直线灯光勾勒着每一柱跨的空间，在尽端的镜面里得到延伸。

折线抽象化的 M 与 W 白色灯光指示了男女更衣室，红色更衣箱配以颇有运动感的数字。

后记

光与空间，有时是光塑造了空间，有时空间也成就了光。

跑瓦健身房

项目地点：广东，深圳
设计机构：广东未来城市品牌管理有限公司
竣工时间：2018 年
项目面积：420 平方米
主要材料：钢化隔断隔音玻璃、木制墙面、木饰面板、减震地胶、水泥地砖、墙砖、肌理水泥漆
室内设计团队：麦梓韵、李裕瑶
摄影：钟家明
设计风格：现代、光影、酷炫、力量

曾冠生 / 主创设计师

1981 年出生于深圳，深圳大学建筑学学士学位，哈佛大学建筑学硕士学位，CCDI 墨照建筑设计事务所创始人及主持设计师

背景

甲方是具有海归设计背景的 90 后创业者，他的诉求是希望空间设计能与他健身方式的理念相吻合。项目位于深圳罗湖田贝泰美工业园区内，设计师希望健身房不仅具有锻炼身体的功能，而且是一个社交和传播健康生活的场所，能满足都市中白领以及蓝领对新的生活方式和公共空间的期待与想象。

POWERFIT STUDIO

POWER
CAFE

动线

空间里包含了一系列的休闲空间、餐吧和茶室。在整体空间布局中，综合训练区在核心部位，并能直接采光与通风。所有的流线与空间均围绕此展开，形成通透和不同私密等级的公共空间。

休闲区则布在最佳的靠窗位置，联系着综合训练区和入口空间，并通过直角三角形的坡屋顶造型划分限定出此区域。坐在休闲区的人不仅能观看训练，并且也能与训练区的人进行互动。

蜕变

材料方面，地面采用吸震、防滑的橡胶垫以及金刚砂耐磨地面，而公共空间局部的墙面与地面则采用白橡木材料，健身房因而具有几分的温馨与亲和感。

此外，健身房所在的老厂房里布满大大小小的柱子，并且部分柱间距很小。设计则通过平面墙体的布置和空间造型设计，消隐弱化柱子的存在感以及柱子对空间使用的不便。同时，一排裸露的混凝土柱子则呈现出另一种序列及质朴美感。

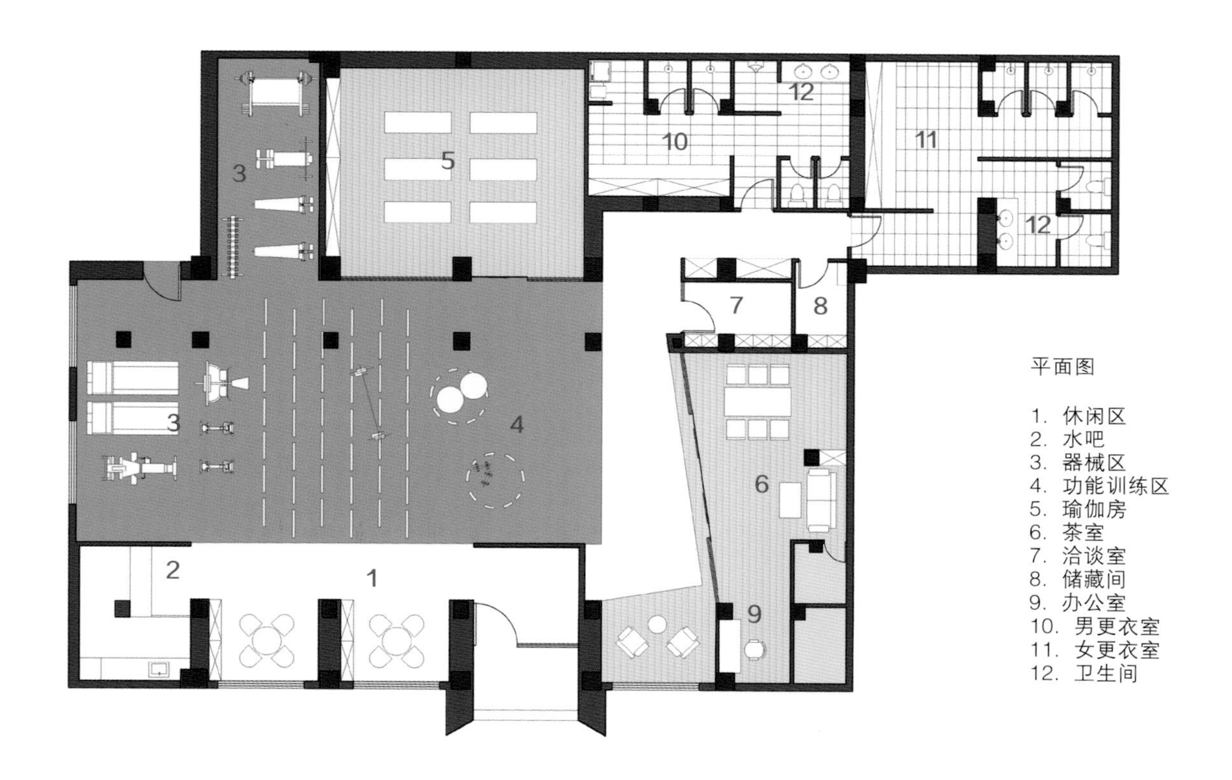

POWER
CAFE

Diet
Be strong

15KG
20KG
25KG
30KG

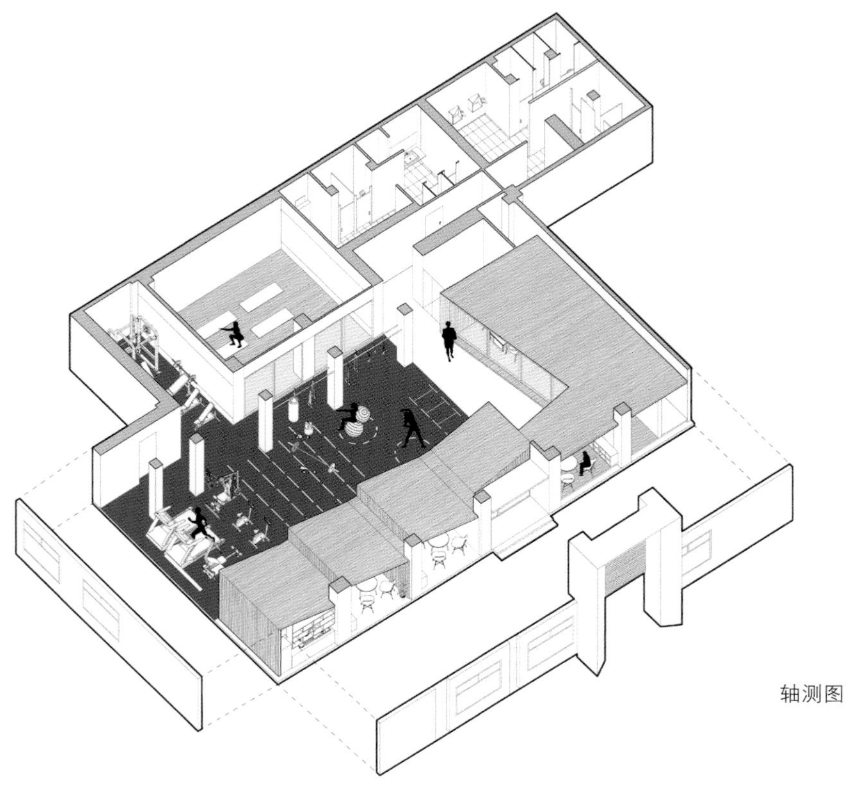

轴测图

FITSION 健身体验中心

项目地点：广东，深圳
设计机构：深度进化设计事务所
竣工时间：2018 年
项目面积：280 平方米
主要材料：Bolon 地毯、麦兰德艺术涂料、昀卓地板
摄影：本末堂

余炆哲、王亮 / 主创设计师

深度进化设计事务所创始人余炆哲毕业于中国八大美术学院之一天津美术学院，从事空间设计工作多年，擅长地产项目设计、商业空间设计、写字楼空间设计、豪华私人住宅设计。

背景

都市里，宣泄的选项总免不了挥汗淋漓的健身房。琐碎的事务与聒噪的人际关系让自我早已日渐式微。深度进化设计事务所诉求着创造一个自由化空间的初衷，开始了这一次 FITSION 健身体验中心的项目。

从一间破旧的厂房开始，设计团队遵循业主的诉求，将原先破旧阴冷的厂房改变为令人耳目一新、活力四射的空间，其设计风格与设计理念都符合自身品牌特性。

itsion

fritsion

动线

红色点缀着白色的空间，跳跃又明亮。整体空间以前台作为中心，其设计隐喻为心脏的鲜活跳动，似乎发出邀约的信号，享受着那一刻的尽情挥洒，并向四周发散。同时使用异型的空间结构，制造对立且不冲突的空间层次，并且这样的空间构造具有明确引导性。人生的枷锁通过环境的指引、视觉的感受、运动的对抗，仿佛一一打破，从而获取到了自由的力量，如漂浮在浩瀚海洋般自在。

蜕变

大面积使用白色，搭配红色金属，构成鲜明的视觉基调。在空间照明设计上大量使用了线性光源，增强空间的流动感和结构感。局部使用点光源设计，来实现精确的功能性照明。

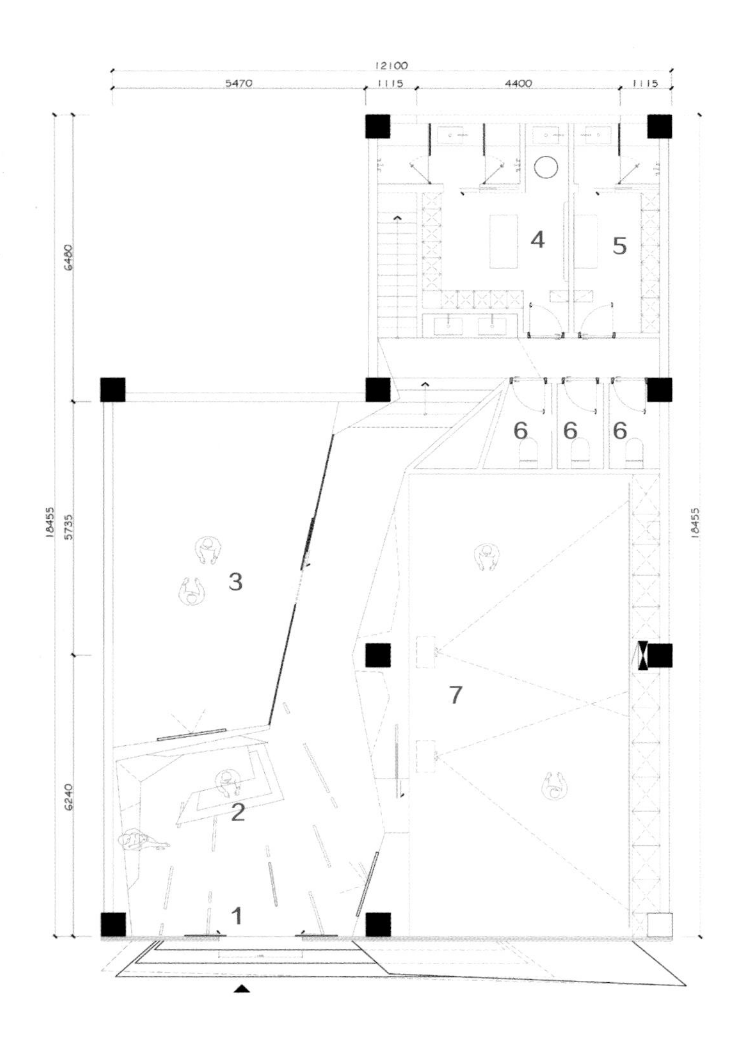

平面图

1. 入口
2. 前台
3. 小操房
4. 女更衣室
5. 男更衣室
6. 卫生间
7. 大操房

fitsion
fitsion

简洁的几何切割、放射状的光线、白色的大理石，目及之处，都能感受带来的力量与活力氛围的感染。在明朗简练的空间里，一切只剩下自我的对抗。通过自律而获取的自由才是真正的果实。

后记

自由从来都不是一种散漫自发的状态，拓宽自我的边界能让我们获得满足。健身作为一项对抗重力运动的同时，也让我们得到了自我释放的爽朗与慰藉。打开心胸，接纳重力问题，重构为自己可以掌控的问题，从而转化成可以推进的动力。人生很多时候也需要这份对抗，创作团队将这份诉求折射在设计理念里呈现出所看到的空间。

fitsion

fritsion

fitsion

酷搏健身俱乐部

项目地点： 云南，昆明
设计机构： 方尺建筑环境艺术设计有限公司
竣工时间： 2017 年
项目面积： 3000 平方米
主要材料： 清水混凝土、塑钢
执行设计： 杨晓林
摄影： 周思彤

方飞 / 主创设计师

毕业于云南艺术学院，后进入清华大学美术学院进修环境艺术设计。曾在母校任教，任教期间有幸进入恩师创立的设计公司。现为方尺空间设计事务所创始人＆总设计师。

背景

力量中的 LOFT，只因这里有高挑的空间、开敞的流动性和穿透性，使其室内空间既具有独特的气质又不失现代流行元素，当然这里还有意想不到的创意和空间改造。酷搏健身俱乐部的设计灵感来源于桥梁的桥墩，桥墩架起拥堵城市中的环线，代表力量、坚硬、纯粹、朴实，更多地强调了城市中人们的生活压力、枯燥，从而需要一种力量来解压当下年轻人的生活方式，从而传递出“动”与“静”的力量。

COOL FIT
PLYO SOFT BOX

动线

酷搏健身俱乐部的空间排列方式，大小适宜。

蜕变

高级灰、钢琴黑的色调控制呈现出一种难得的秩序美感，与清水混凝土、塑钢、水泥砖、钢网相互搭配的材质有关，更与当代年轻人想要的新型运动空间有关。在该项目中加入了许多坚硬和挺拔的灰色，与周边竹林相呼应，同时也能起到很好的景化作用，高级灰加钢琴黑绝对有范，当然还很酷，可以从中反衬出本案的主题。

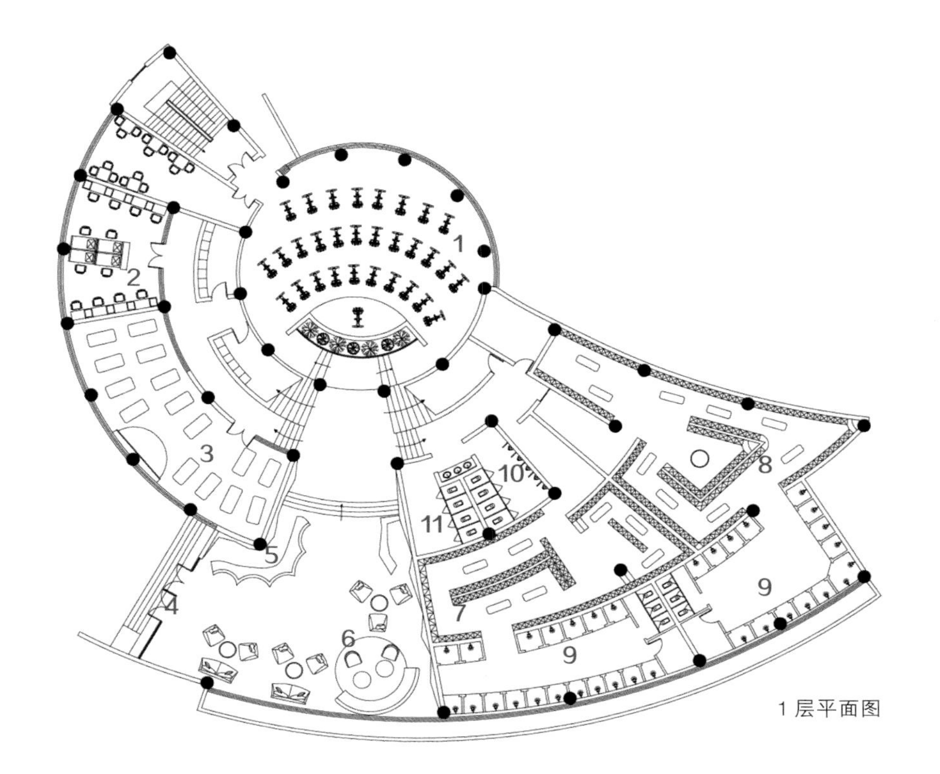

1 层平面图

1. 动感单车
2. 办公室
3. 操房
4. 主入口
5. 吧台
6. 休息区
7. 男更衣室
8. 女更衣室
9. 淋浴区
10. 男卫生间
11. 女卫生间

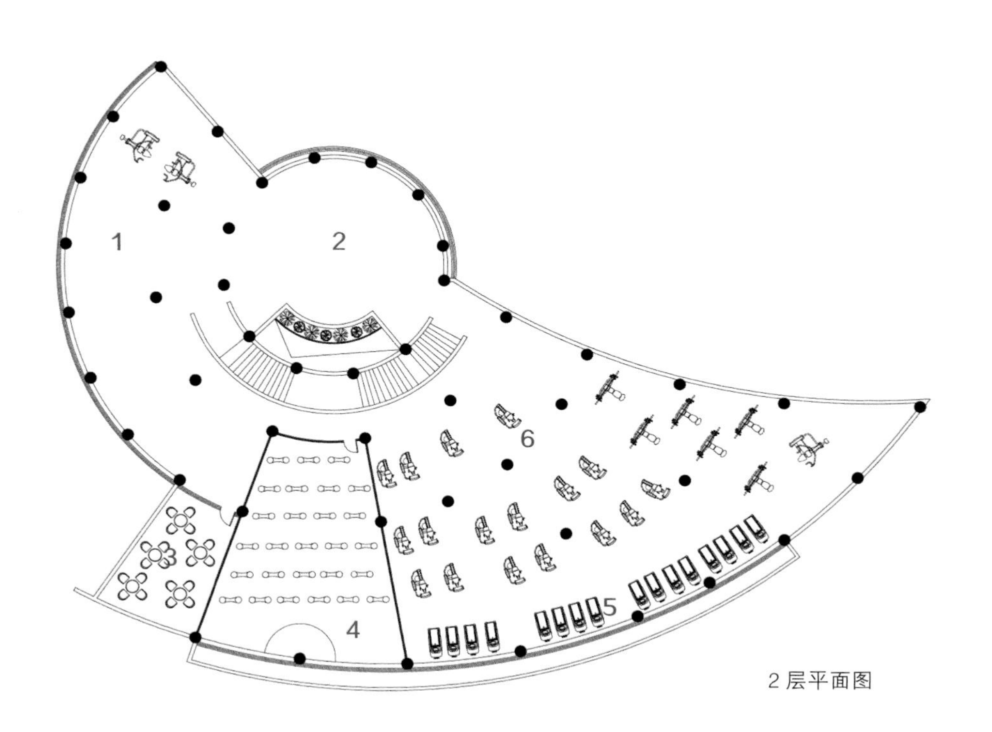

2 层平面图

1. 户外训练区
2. 私教室
3. 休息区
4. 大操区
5. 有氧区
6. 器械区

COOL FIGHT
TRX

BOX.
02
PLYO

I RUN MY WORL
03

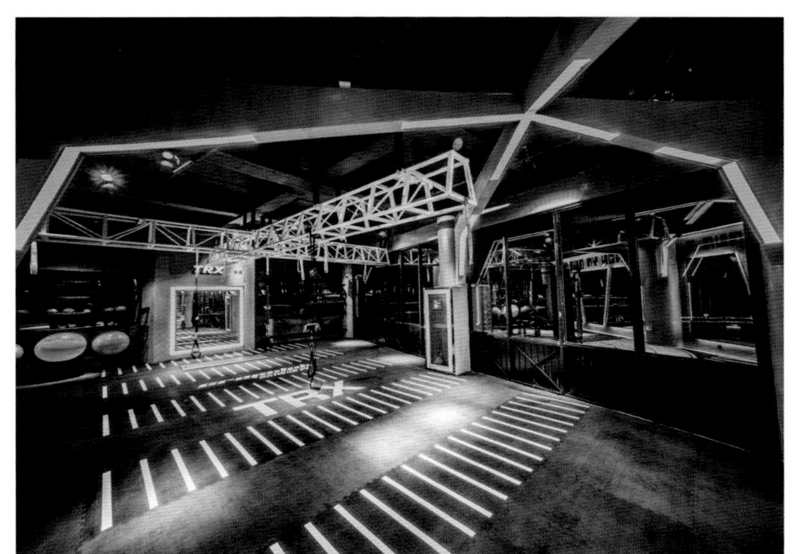
TRX
TRX

COOL FIGHT
TWINS

NO PAIN NO GAIN!
BELIEVE IN YOURSELF!

HEALTHY FOOD FOR
WE ARE WHAT
WE EAT

学院派·健身梦工厂

项目地点： 上海，浦东
设计机构： 上海潘悦建筑设计事务所
竣工时间： 2016 年
项目面积： 4500 平方米
主要材料： 95 红砖、钢筋、三立照明、软膜天花、环氧树脂地坪、运动地板、镜面等
室内创意设计师： 杨杨
深化设计师： 王梦云
软装设计师： 赵健
摄影： AK 摄影工作室
风格： 美式学院派、工业风

潘悦 / 主创设计师

80 后室内设计师，年轻时当过兵，转业后从事设计工作 16 年，毕业于意大利米兰理工大学、意大利布雷拉美术学院，2007 年创建上海潘悦建筑设计事务所，现任设计总监及 CEO。坚信只有设计才能改变生活，作品时尚并富有理想，设计综艺节目嘉宾。

背景

事务所到目前做了近 10 余个健身会所项目，本案让自己团队有不一样的设计感受。首先健身梦工厂是目前上海高校里第一家专业的健身中心，同时也是临港地区第一家专业的大型健身、游泳中心。作为学院健身房，我们需要考虑的人群是学生为主，他们对健身的理解态度作为我们前期去做设计需要注意些什么问题，包括学生的生活情况是怎么样，这些都是之前从未接触的难点。初期，针对校园健身房的特殊定位，从上海建桥学院历史、健身房背景文化、校园健身房市场形势分析及特色打造等方面进行了综合分析。

动线

通过调研学生这一主要消费群体，确定健身房的基本格调和设计方向，整个空间设计以开放性的大空间为主，保证良好的视觉感受训练空间。同时，根据主要消费群体的消费习惯，平面布局的主体最终确定为：四季恒温泳池、有氧区、无氧区、360 训练区、综合训练区（CROSSFIT）、大型综合格斗区、休闲区、3D 动感单车区、多功能操房、舞蹈瑜伽区；在基础项目上，希望让学生接触到体育课以外的运动项目。团体课有 100 多种，占地 2500 平方米，分上下两层：二层是各种辅助区域；基本功能区都集中在一层，总使用面积 4500 平方米。

作为纯商业空间和教育空间的过渡，空间部分的设计，作为对之前原有环境中的思考和延伸，尝试将生活场景更准确地表达出来，并以红砖设计为主设计，和原有建筑相互产生内与外的结合。

蜕变

当然，我们在细节上也是需要深刻把握，墙上悬挂的艺术作品也引人注意。对于这一创意点，我方设计团队的沟通中有

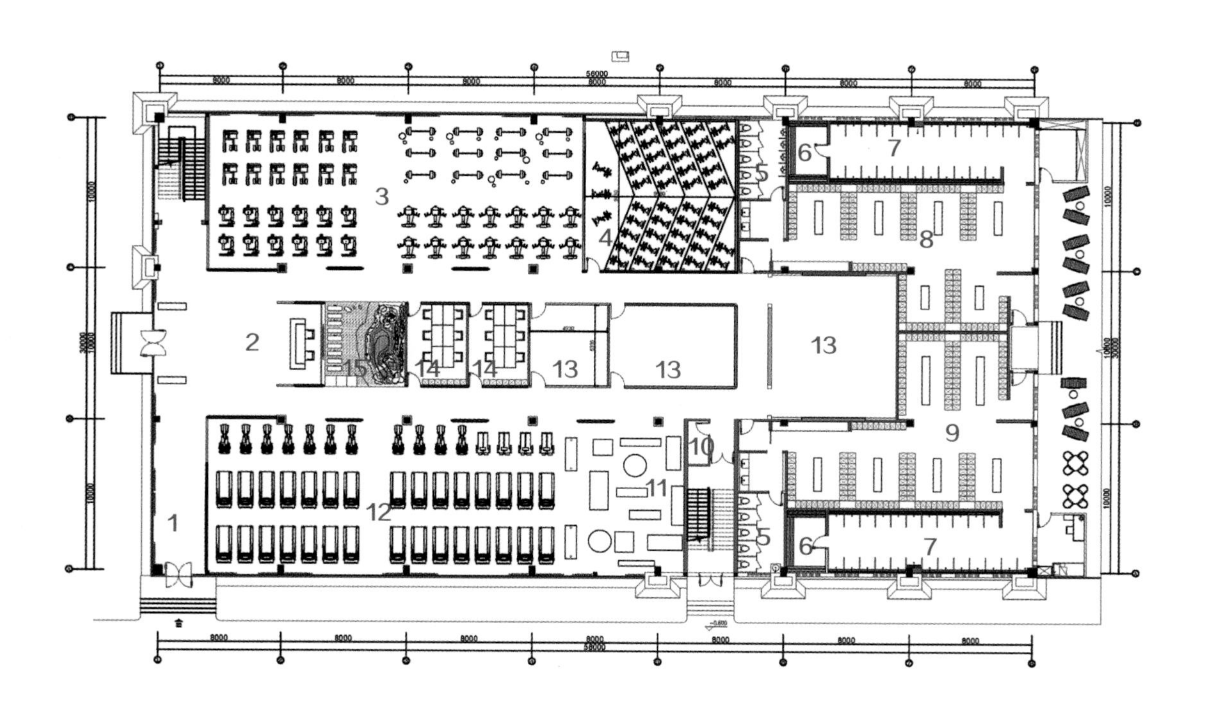

1 层平面图

1. 入口
2. 前台
3. 无氧区
4. 动感单车
5. 卫生间
6. 桑拿
7. 淋浴区
8. 男更衣室
9. 女更衣室
10. 储藏室
11.360 训练区
12. 有氧区
13. 私教室
14. 办公室
15. 花园

了更深的认知。正如之前提到的“希望构建密集意象的商业空间”，装饰画的选择也趋于这一风格，这也是受日本著名个性画家草间弥生的波普风格影响，利用高彩度对比的圆点花纹加上镜子来创造想象中的世界，与整体空间密聚的光点相呼应，给人非常强烈的视觉冲击。

当我们的铁链元素运用于 360 训练区、更衣室，红砖元素在操房的运用，且在有氧无氧区等区域也出现的时候，作为整个健身房最为独特的区域——动感单车的设计就不同于其他运动区给人的硬朗、力量感，虽然同样运用了红砖元素，但灯光的点缀却柔和了硬朗的线条。当三种灯光情景模式出现后，不同的体验感受在三种灯光下产生了不同的运动效果。

除了以铁链、钢筋等常见材料来凸显效果，还巧妙性地融入了“红砖”这一元素，而红色也是除“黑白灰”之外的主体色调之一。

后记

以大胆的手法令设计工作与时俱进，用那个时代的东西拼凑属于现在的东西，显然会更有活力，适应当代人们的生活节奏。在设计期间，平面图、彩屏图、SU 效果图、提案 PPT……后期施工，每项工作都有所分工并协调合作，完成得还是比较顺利的。虽然过程中经常遇到问题，但通过这样的机会，也提前了解了进入真正体验后能遇到的问题。

由于本案的特殊性，都没有做过学院健身项目的经验，整个规划和设计过程中也是难题不断。前期参考了之前本工作室的前几项案例，了解健身房的基本功能区域划分。分区规划完成后，团队又投入平面图绘制。对于这一过程，团队感慨，项目提案制作花了一周时间，但平面图绘制却是几经提交和修改。在确认功能分区过程中不断完善，平面图制作也要随之变化，同时，作为第一次与学院开展合作，我们事务所给出的标准和要求也非常严格，需要甲方施工人员在施工过程中牢牢遵守。在红砖的运用上，可以说是为整个项目提供了一个全新的设计。一方面，以白居易的《大巧若拙赋》对“巧”的匠心要求，将

原有的简陋空间，改造为意象密集的商业空间；另一方面，为改观当代景观图案式设计的乏味，借鉴中国园林长达千年的城市山林的经验，并尝试经营出可行可望可居可游的密集意象；同时，在和学院方交谈过程中，我们提到了一个设计观点，上海建桥学院目前的整体建筑是走美国式学院的红砖风格，以美国北卡罗来纳州立大学为例，他是以独特红砖建筑闻名的，重现艺术经典，“红砖设计”打造别样学院风，那么我们在设计内部设计装饰的时候可否考虑内外空间的协调性，用美式学院派风格加上工业风的这么个理念去做整体设计。这一点也得到了学院方的一直认同。这也是基于“校园健身房”的独特定位，项目整体的设计风格主要偏向美式学院派风格和工业风。

HIIT 训练中心

项目地点： 广东，深圳
设计机构： 深圳市故事空间设计有限公司
竣工时间： 2019 年
项目面积： 373 平方米
主要材料： 水磨石、水波纹不锈钢、人造石
陈设设计师： 方洁
照明设计师： 朱海博
摄影： REGIMENTAL COMMANDER 工作室、故事空间品牌部
风格： 现代

朱海博 / 主创设计师

1975 年生人，室内设计师，深圳市室内设计师协会副秘书长，意大利米兰理工大学国际室内设计硕士，深圳市故事空间设计有限公司创始人，壹同创意集团创始人。

背景

在中国，大健康产业已成为发展潜力最大的未来产业。“实施健康中国战略”正在酝酿和形成巨大的蓝海市场。作为设计师，不仅仅要关注设计本身审美，更要懂得从坪效到人效的商业转换。

动线

在空间规划初期，业主及设计师就要从理性的消费需求出发，考虑空间布局与叠加使用，达到周期合理回报。所以，空间坪效亦是 HIIT 训练中心的重要核心组成部分。当故事空间设计公司接手这个项目时，面临的不仅仅是一个概念方案这么简单，其实设计师要做的是一个空间品类的研发。在充分理解了 HIIT 训练中心的新零售商业模式后，在功能面积配比上，我们做了相应的改良优化。

从空间概念上来说，在最初踏入这个还什么都没有的毛坯房的时候，心里就浮现出一个场景：罗马角斗场，但我感觉它不仅仅就是如此了，他应承载着的更大的意义。

从入口进入空间，我们布局了两个大的动静空间分区。动静分区以两层玻璃隔断将一条公共走廊一分为二，这是一条仪式感极强的走道，作为线性空间，它也是整个空间的主轴线，由此可以进入水吧区、休闲区、课室、更衣间、体测室、操房以及 VIP 室。通透而不失私密性的全开放式空间，所有会员的运动场景在休闲洽谈区一览无余。

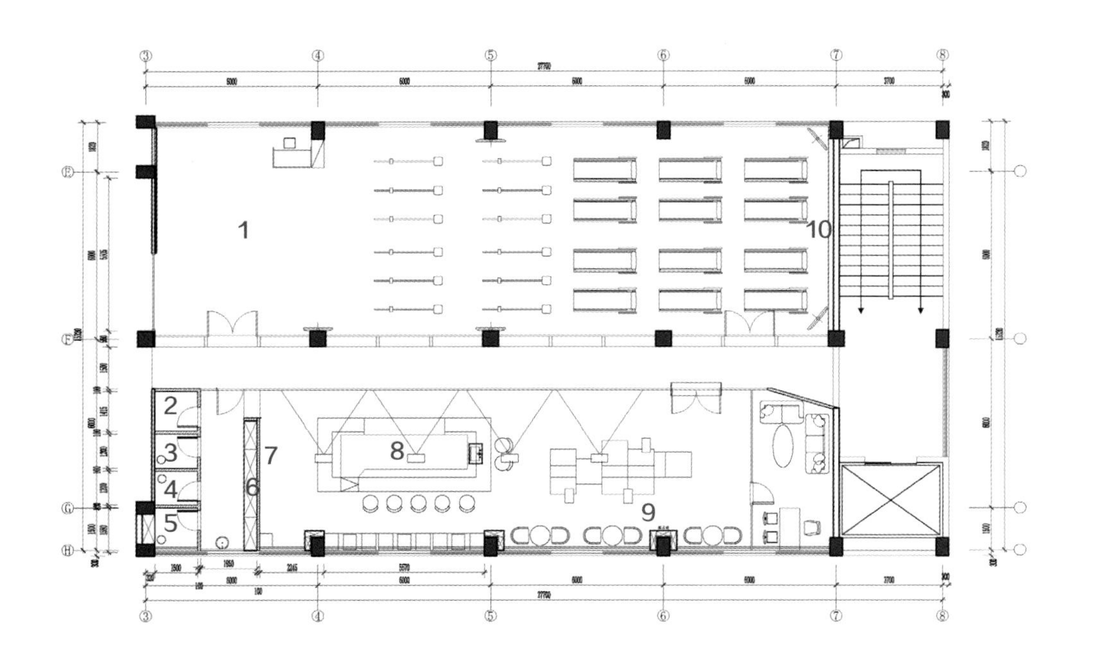

平面图

1. 小器械区
2. 储物间
3. 体测室
4. 男更衣室
5. 女更衣室
6. 更衣柜
7. LOGO 墙
8. 岛台
9. 散座区
10. 背景墙

蜕变

圆拱门是铜色不锈钢，是为了增加空间的质感和时尚气息；操房里地面是专业运动地胶，水吧台是人造石，使得空间感更强；公共区地面是水磨石。灯光的照明，操房里是线性灯，过道是波纹不锈钢天花内藏灯带，地面用地射灯。公共区就是水吧台那里，都是裸顶，用射灯打亮局部，勾勒出空间及软装造型。

HIIT
轻健身

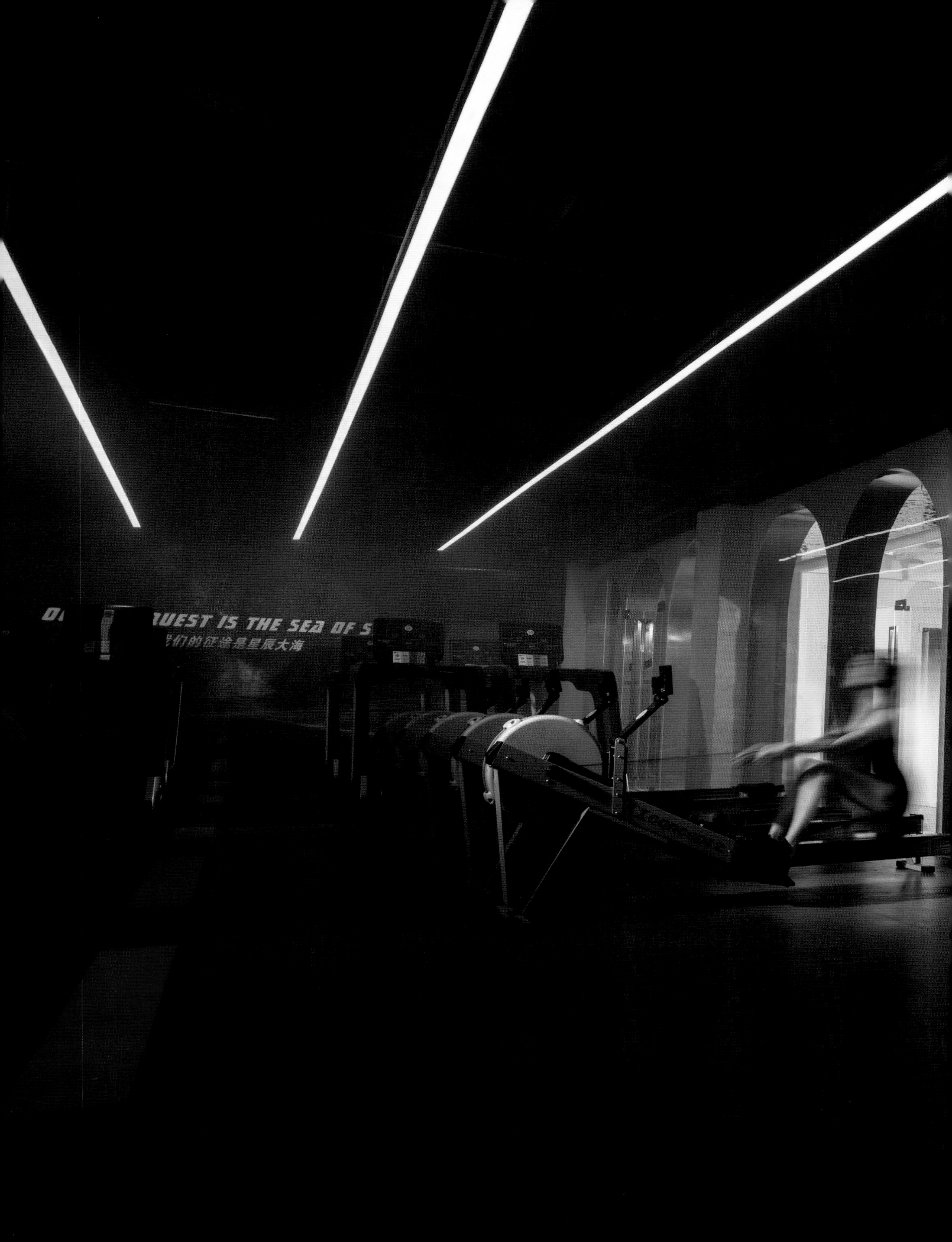
UEST IS THE SEA OF S
们的征途是星辰大海

超级猩猩

项目地点： 上海，黄浦
设计机构： Mur Mur Lab 事务所
竣工时间： 2018 年
项目面积： 220 平方米
主要材料： 白色烤漆金属穿孔板、玉砂玻璃
摄影： 清筑影像（CreatAR）

李智、夏慕蓉 / 主创设计师

Mur Mur Lab 事务所由建筑师夏慕蓉、李智于2016年创立于上海。夏慕蓉，建筑师、插画师、公司主理人；李智，建筑师、学者、《建筑学辞典》作者。他们以建筑学为内核，通过创意不断激发典雅趣味性审美范式的建立。将设计作为城市更新和社会改良的工具，不囿于传统，于不意中见真知。

背景

如何在日常生活中创造不一样，如何打破常规创造未来，如何用设计和创新点燃人们心中的火花，是 Mur Mur Lab 事务所和超级猩猩（SUPER MONKEY）的共同认知和追求。在这个基础之上，保持独立的思考和判断就是至关重要的一点了：不复刻过去的我们，每一秒都活在现在，连接最好的未来。

当初“猩猩”找到 Mur Mur Lab 事务所，“猩猩”已经在国内健身行业混出了名头，作为国内开创性简化年卡月卡季卡为按次数健身并设置奖励机制的唯一一家健身房，“猩猩”受到了众多年轻人的宠爱。

SUPERMONKEY

拉
PULL

本可以躺在之前门店“标准化设计”的图纸上安然完成接下来的设计任务，但是出于对建筑和创意的追求，于是，在每一次为“猩猩”设计健身房的时候，Mur Mur Lab 事务所都像漫威电影一样给“猩猩”预埋了一个彩蛋。

正所谓“有趣的灵魂少之又少”，Mur Mur Lab 事务所“未来”商业店铺的探索之路也从未停止过。如何将建筑师的审美转译到实用的商业店铺空间中？这听起来是一个鱼和熊掌如何兼得的命题——商业与艺术化如何兼容。

动线

落地一系列标准门店后，“猩猩”的另一位创始人跳跳带着设计师去了一处新的场地。人潮拥挤的上海人民广场来福士，写字楼和商场之间的一处通道是上下班白领必由之处。正对通道的是“猩猩”即将拿下的空间，原来是一家银行的后勤区域。

入口区域给人某种仪式感；休息等候区好似可以制造惊喜的相遇；操房的落地式玻璃窗使整体空间更通透明亮。

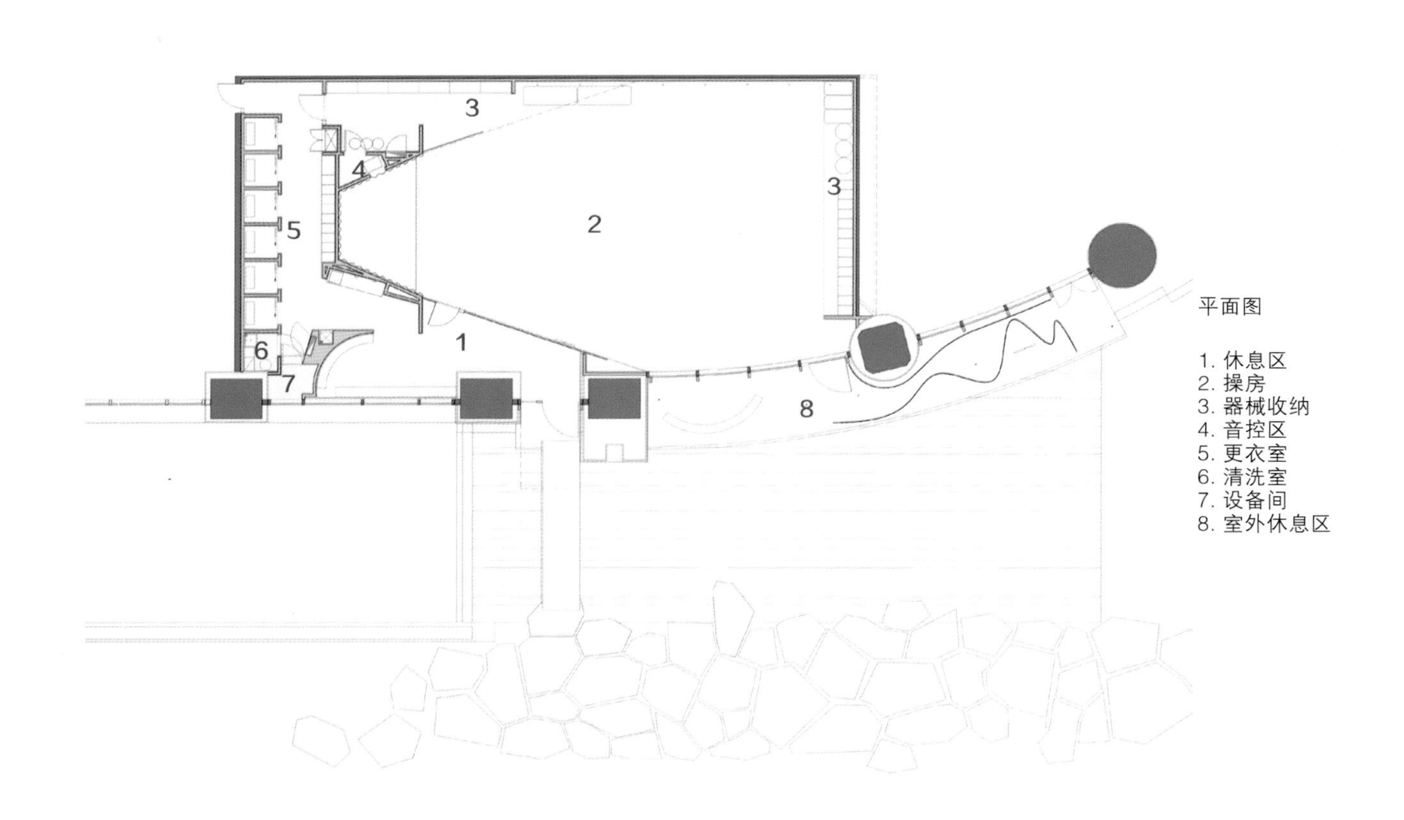

平面图

1. 休息区
2. 操房
3. 器械收纳
4. 音控区
5. 更衣室
6. 清洗室
7. 设备间
8. 室外休息区

UNIBROWN
UNIBROWN
SUPERMONKEY

蜕变

白色屏障就像一道帷幕，建立起了室内和室外的一道浅浅的阻隔。路人被帷幕轻轻挡在外面，又透过细孔看到透出的暖色和身影。好想加入？走过拱桥进入一个红白的差异世界，摈弃平庸，放下纷扰。

千盏灯泡和玉砂玻璃挂片共同制造出梦幻的灯廊，吸引人们走入室内。室内，每一个人，都在挥洒和释放自己。

过滤的光线最美，有感情的建筑更动人。当正午的光线透过白色金属网帷幔洒下来，照在左边红色休息椅的少女身上，你可以想象，许多平常的日子变得特别。建筑的精神性是真实存在的，它就隐藏在日常之中。

Super Life
Super Me
SUPERMONKEY SHANGHAI

SUPERMO

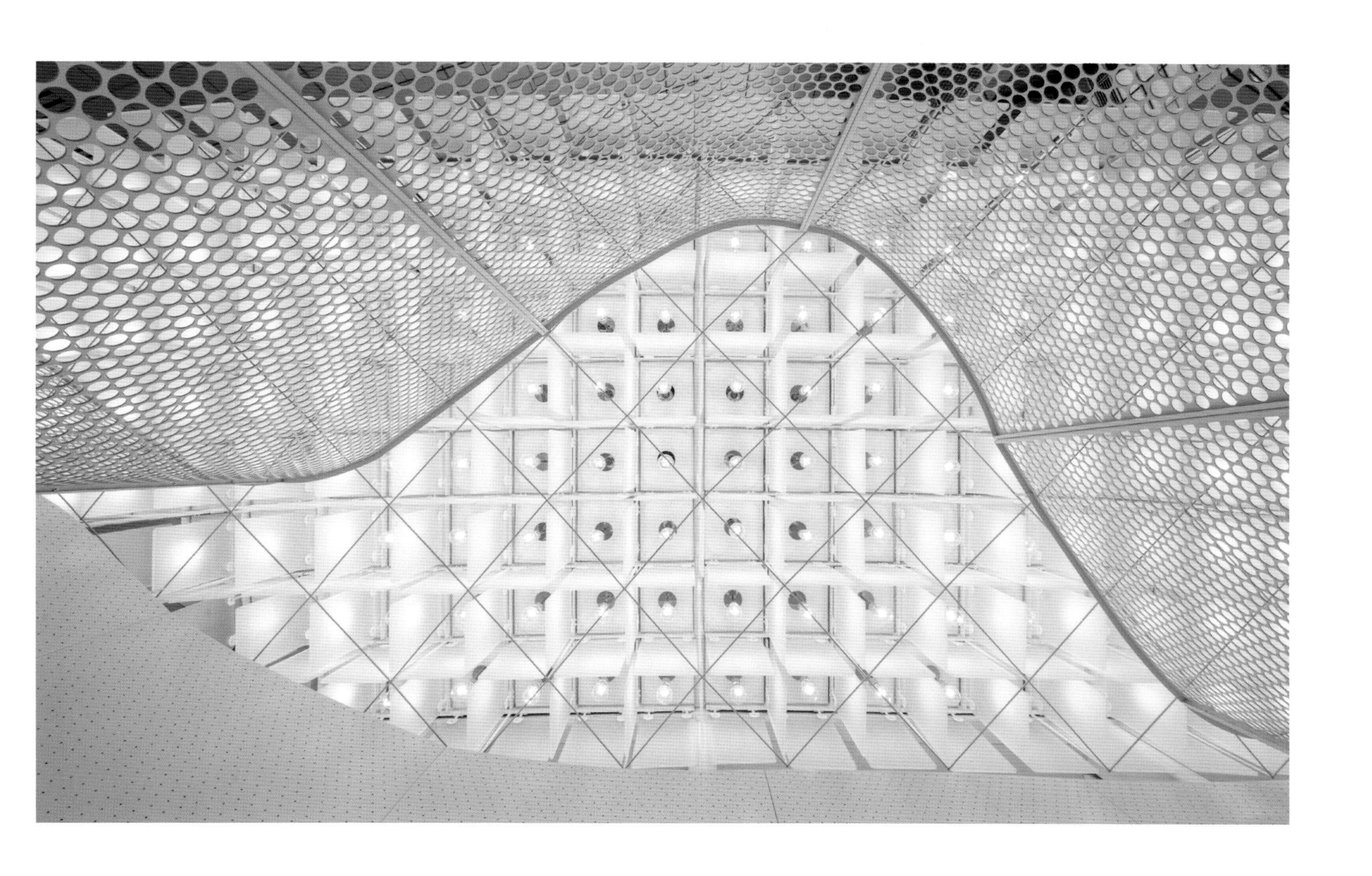

X-STUDIO 太空战舰主题健身

项目地点： 广东，深圳
设计机构： 翼邸（上海）空间设计（EDEN INTERIOR DESIGN）
竣工时间： 2016 年
项目面积： 700 平方米
主要材料： 天然大理石、不锈钢、定制弧形玻璃、天然木皮、环保地胶、定制图案切割镜子、黑光手绘涂料
摄影： 杰罗姆·费图利乌斯（Jérôme Feutelais）

梁琴 / 主创设计师

在美国有 15 年欧美设计工作经验，后回国成为翼邸（上海）空间设计（EDEN INTERIOR DESIGN）创始合伙人和室内设计总监，为成功的全球品牌创建了许多旗舰店设计。

背景

项目是位于深圳福田区繁华的高端商场和写字楼区，主要人群是高级白领。项目现场位于地下一层，没有自然光，异型的墙面以及高度不一样的地面，入口靠近电影院和中心广场。

SPINNING

动线

对于走廊连接着商场其中一个大厅的 700 平方米空间，决定设计一个开放的吧台，让所有经过的人都看得到这个酷酷的空间里面在发生着什么好玩儿的事。

把相对狭长的入口作为开放的吧台区域，引导来往人流的终端有大面的镜子、特殊造型和梦幻灯光的私教区。流畅的空间动线将顾客顺利地带到每一个区域，弧形玻璃的呼应让空间充满了魔幻。大胆采用数量较少但更大空间的更衣柜来提升每个客户的体验感。

蜕变

保持原有建筑的顶和水泥柱子，采用特殊的彩色灯打造氛围，让顶部的空间无限延伸，创造了一个安静平和的瑜伽室，灵感来自北欧星空下的海边。黑光技术的运用再现奇妙的星空幻景，站在这幅画面前，可以感觉到风拂过脸庞和海浪的声音。

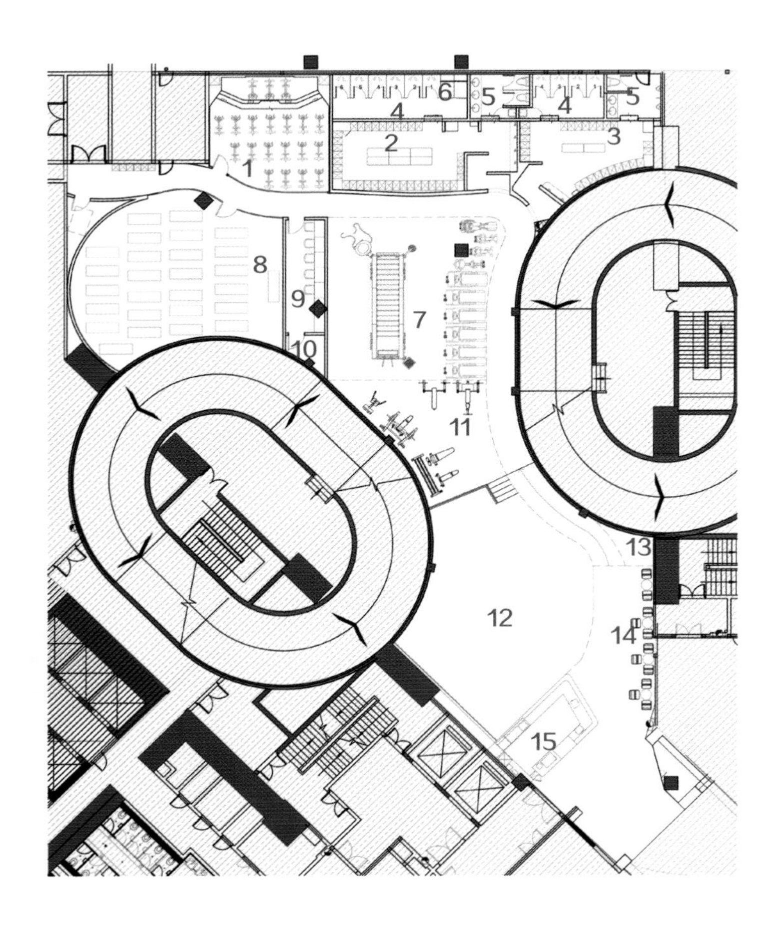

平面图

1. 动感单车
2. 女更衣室
3. 男更衣室
4. 淋浴区
5. 卫生间
6. 私密更衣室
7. 器械区
8. 瑜伽房 / 操房
9. 办公室
10. 储藏室
11. 自由力量区
12. 私教室
13. 体测室
14. 休闲区
15. 前台

设计单车房的主墙面时，付出了很多努力，让它看起来像是整个房间的引擎，带动能量的产生，这也是教练区的位置。"X" LOGO 在正中间的面板上，从而延伸出的线延续到墙的边缘，然后再延续到转折的墙面上，这些连续有起伏曲折变化的线勾勒出一幅充满力量与美的科幻画面。这个房间花了木工整整一个月的时间纯手工制作，每个发光的线都可以跟着音乐的节奏改变颜色。顾客将体验在游戏《创：战纪》里面骑着奇幻摩托的惊奇之旅。

后记

第一次走进这么多弧形墙面的空间时，脑海中浮现了《X战警》《创：战纪》《星球大战》这些电影的画面，于是开始和业主沟通这个想法，原来我们都是科幻迷，这个主题很快定下来了。经过 6 个月的设计沟通与施工现场的辛苦工作，我们幸运地实现了开始的想法。

When you go the extra mile, it's never crowded.
To be a champ you have to believe in yourself when no one else will.
A negativ
mind will
never giv
you a

东莞魅臀荟健身

项目地点： 广东，东莞
设计机构： 深圳道源室内装饰设计工程有限公司
竣工时间： 2017 年
项目面积： 150 平方米
主要材料： 大理石、铝塑板、运动地胶、灰色玻璃、真石漆
摄影： 朱建利
设计风格： 魅惑工业

刘瑶 / 主创设计师

道源设计创始人、设计总监，曾任职高文安设计公司、矩阵纵横设计，秉承着对设计的原创严谨务实的创作理念，走出了属于自己的一种风格。

背景

这个项目的甲方是一位美臀比赛的全国冠军，近乎苛刻的高要求成就了这个作品，在设计风格上要求工业风中混合一些炫丽魅惑的色彩。

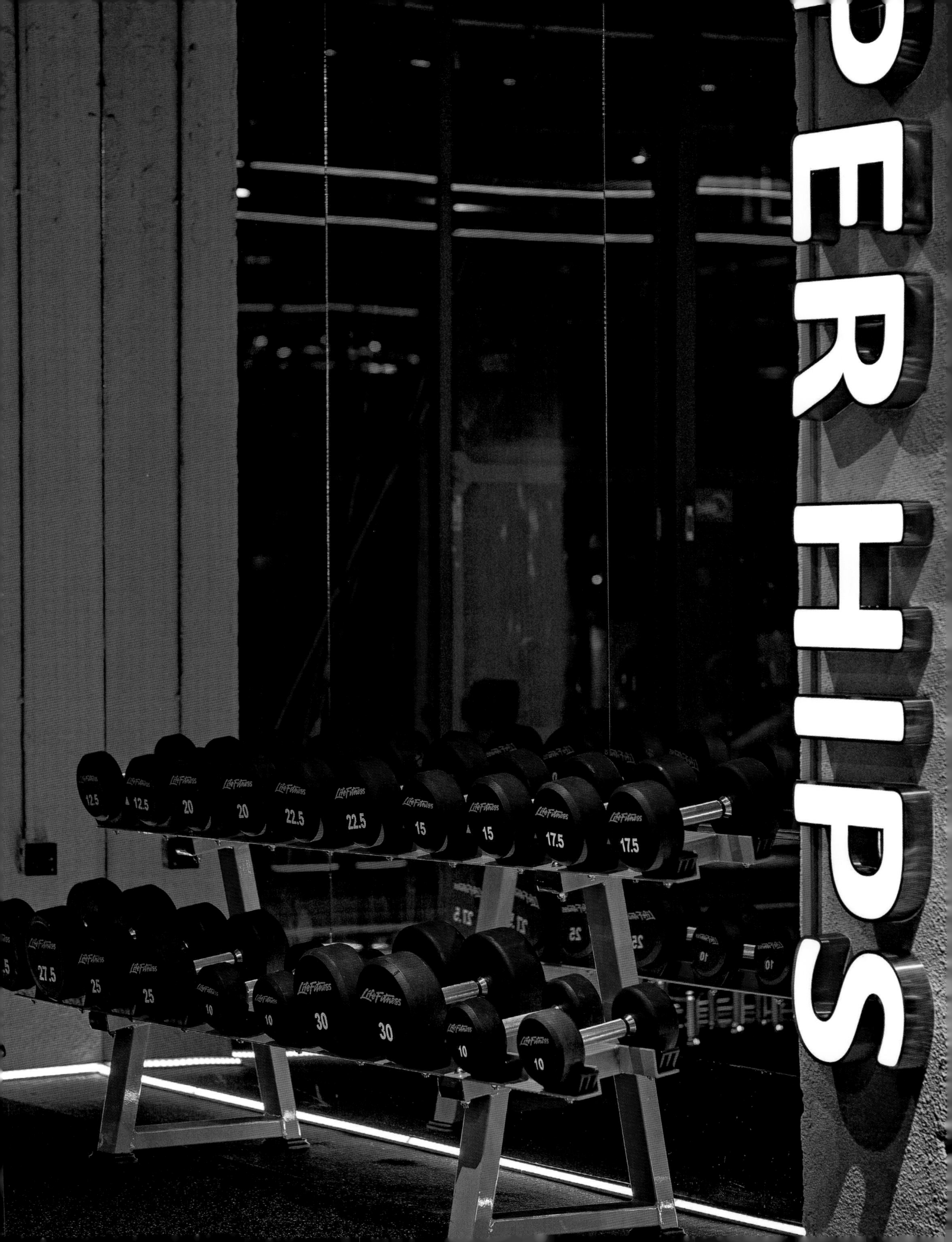

SUPER HIPS STUDIO

SUPER HIPS STUDIO

动线

由于空间不大，面积只有一百多平方米，所以尽可能采用开放式设计，更多地展示空间，体现出各个功能区。

蜕变

通过有序的线条搭配炫丽魅惑的灯光色彩营造出优雅迷人的气质。大幅个人海报烘托训练主题，奖杯展示区提高了健身房品牌价值。紫色灯光和紫红色器材遥相呼应，更是突出体现魅惑十足的气质。

全场颜色、海报、器材、灯光的运用都是为了体现魅臀荟的中心思想，以达到视觉传输的共鸣。

定制活动塑钢家具，方便清洁使用。镜面则采用不锈钢条形铝合金、彩色地胶真石漆。

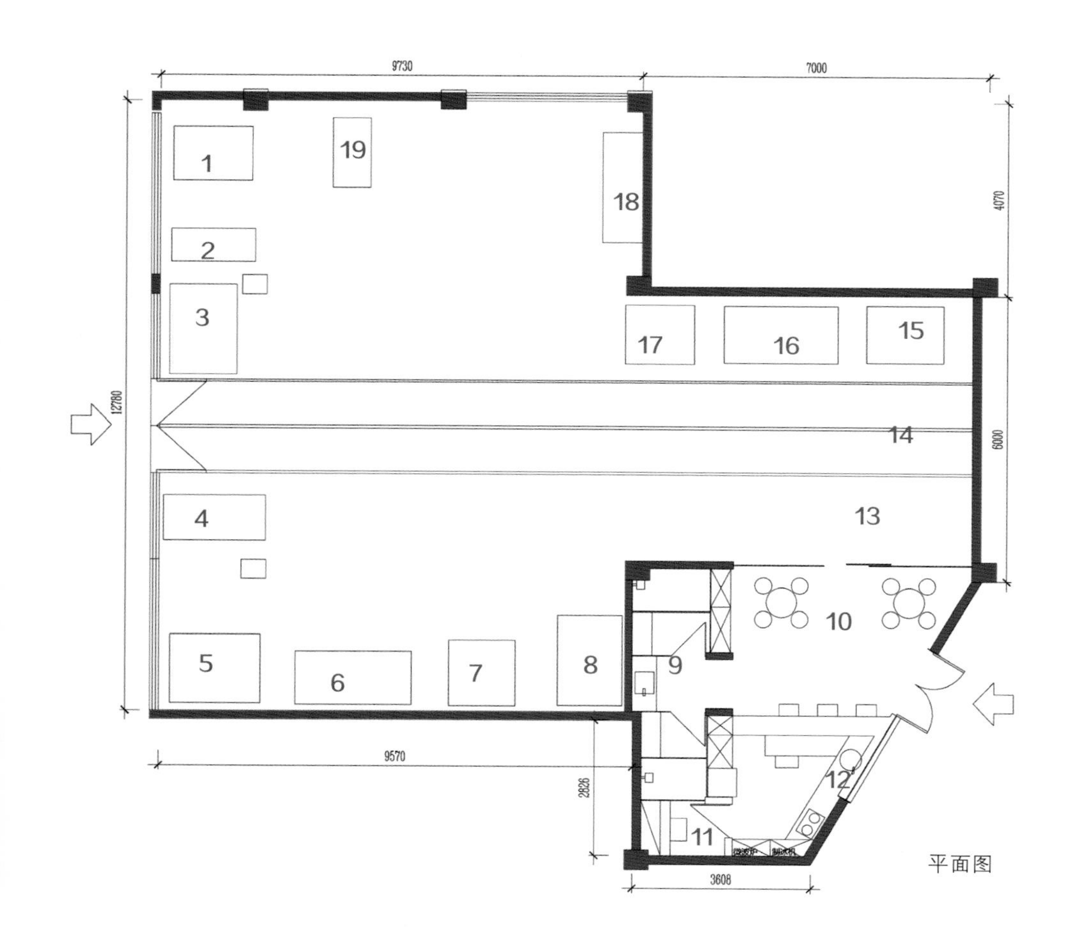

平面图

1. 腿部屈伸机
2. 可调式腹肌板
3. 坐式推肩
4. 跑步机
5. 跪式弯举训练机
6. 大飞鸟架
7. 大扩胸背部训练机
8. 高低位拉背训练机
9. 淋浴区
10. 接待区
11. 办公室
12. 前台
13. 蛙跳跑道
14. 训练地垫
15. 深蹲架
16. 史密斯综合训练机
17. 哈克深蹲
18. 哑铃架
19. 罗马椅

SUPER HIPS

SUPER HIPS
SUPER HIPS

SUPER HIPS

双创韦德伍斯健身会所

项目地点： 天津，滨海
设计机构： 外层空间设计室（OUTER SPACE DESIGN FIRMS）
竣工时间： 2017 年
项目面积： 2400 平方米
主要材料： 白瓷砖、水泥、原建筑墙面，铁网、大白、包装板
摄影： 赵凯

杨基 / 主创设计师

毕业于鲁迅美术学院，2011 年第一次受朋友邀请正式介入健身行业，这几年下来，纯健身作品大概有 80 家左右，算是行业里的劳模。

背景

该项目在天津的沿海经济开发区内，客户群体素质非常高，因此，他们是一群有文化、有理想的人。在工作之余的健身，我们不单要提供给他们一个放松的场馆，另外，也让这些人能够一起参与该会所对人与自然不和谐的反思。该项目主要强调人类过多自主的介入，严重地干扰了自然界的均衡。

动线

项目坐落于北方城市，整个空间的窗户朝北，所以光线相对比较昏暗，因此非常利于舞台灯光和点式光源的利用，营造富有戏剧化的空间感觉，让顾客与动物雕塑形成一种互动的氛围。

蜕变

尽可能降低我们对自然界的萃取和获取，利用原始墙面，略微涂鸦而已；部分家具使用的材料是以仿生动物为主题的，让人们产生一种警觉感；大量采用低碳环保的材料。

后记

主题风格的构思主要是用动物界的一些健美冠军，比方说袋鼠、犀牛，这种身体自然强壮的动物，俨然都受到了人类过多的干预，已经形成了相对灾难性的种族灭绝，或者是生存环境受到了考验，因此，把它们直接的形象带入到场景里，通过不和谐的涂装、包围，让人们感受到了动物的挣扎与彷徨。

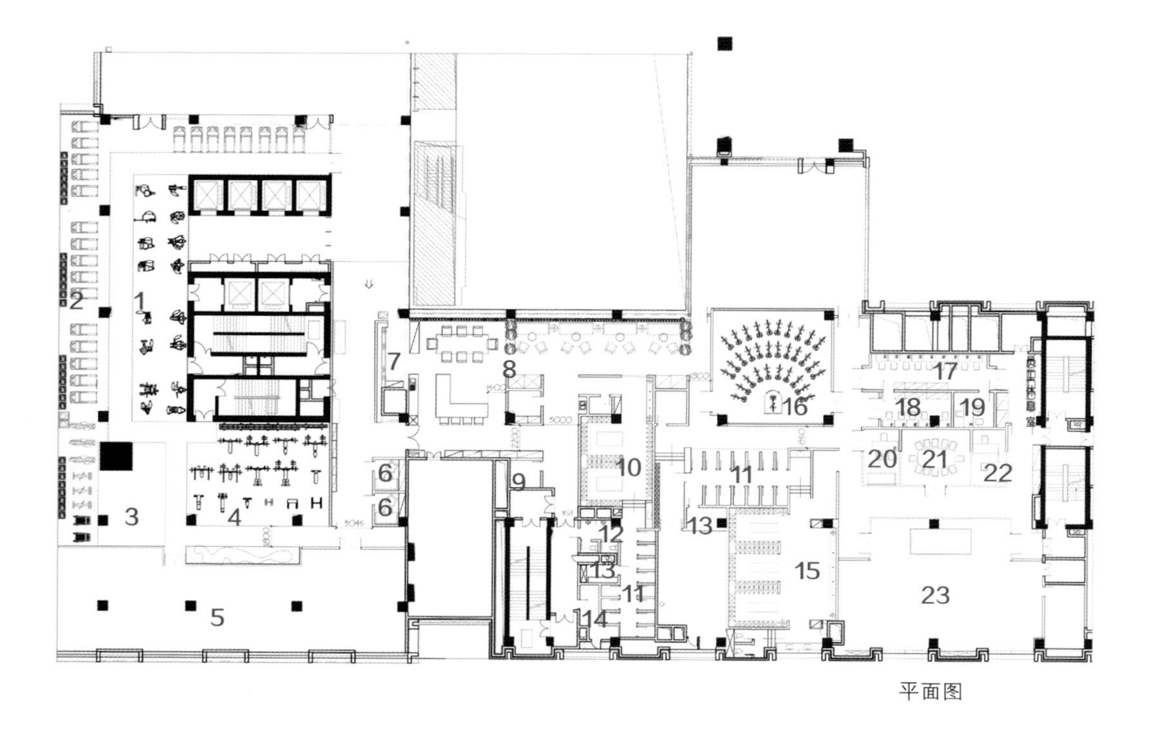

1. 插片区
2. 有氧区
3. 拉伸区
4. 自由力量区
5. 私教室
6. 洽谈室
7. 前台
8. 休闲区
9. 体测室
10. 男更衣室
11. 淋浴区
12. 卫生间
13. 桑拿
14. 操作间
15. 女更衣室
16. 动感单车
17. 会籍办公室
18. 私教办公室
19. 店长室
20. 商务中心
21. 培训室
22. 运营办公室
23. 瑜伽室 / 操房

平面图

天津
双创
WHYTE
WOOLF

WHYTEWOOLF

ases, life ends.-Gerd

WHYTE WOOLF
WW
WHYTE WOOLF
Life is
human life is

WHYTE WOOLF FITNESS CLUB
WHYTE WOOLF
ovement.-Voltaire

WHYTE WOOLF

时代地产员工活动中心

项目地点：广东，广州
设计机构：广州共生形态工程设计有限公司
竣工时间：2016 年
项目面积：550 平方米
主要材料：黑色拉丝不锈钢、灰镜、银镜、水泥砖
其他设计师：梁方其
摄影：广州共生形态工程设计有限公司
获奖：2017 年德国 iF 设计大奖

彭征 / 主创设计师

共生形态（C&C DESIGN）创始人、设计总监，高级室内建筑师。广州美术学院艺术设计硕士毕业，现为广州美术学院建筑艺术设计学院客座讲师、实践导师，中国建筑学会室内设计分会资深会员，中国房地产协会商业地产专委会商业地产研究员。

背景

来自广州共生形态彭征设计的这个黑白炫酷的活动中心可谓别开生面。从严谨理性和高密度的办公空间进入到这样一个黑与白的运动空间中，首先从视觉和心理上就实现了空间的差异性转换，黑与白的极致碰撞给人以力与美的极致想象。

动线

活动中心由乒乓球区、按摩区、瑜伽舞蹈室、运动健身区和淋浴区这六个区域构成。它们彼此相连、动静有别。而设计师利用走廊一侧设计的储物柜，直接将球衣号码印在柜门上，既起到识别作用也成了空间中的趣味亮点。

在这个健身中心的设计中，设计师避免了会所式高级俱乐部的设计思路，从空间的开放性、公共性和环保性三个方面重新定义了一个有关现代企业员工活动中心的设计，开放而富有亲和力的空间体现出企业的简单真实，更体现出企业对健康时尚品质生活的引领。

蜕变

特制的黑色 LED 射灯，在天花板自由交织，富有动感，营造出丰富的光影效果和空间层次。开放式天花板和管线外露的设计需要对管线的排布进行重新组织，高低错落的管道体现出一种最质朴的工业美学，这是对浮华装饰的回避，是对建筑空间最本质的体验，更是对健康环保的国际化设计潮流的顺应。

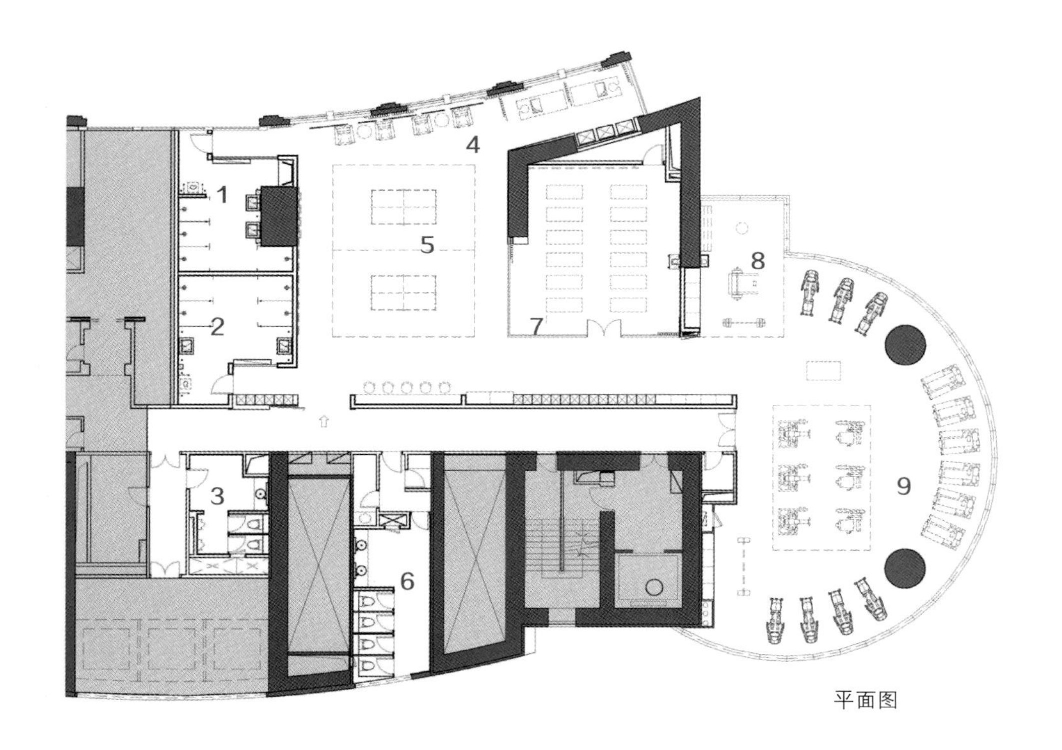

1. 女更衣室
2. 男更衣室
3. 男卫生间
4. 休息区
5. 乒乓球区
6. 女卫生间
7. 舞蹈室
8. 力量区
9. 器械区

平面图

后记

设计师将空间尽可能地开放，就是尽可能地让身在其中的人能够看到对方，为人与人之间的沟通创造机会，此外，多人参与的活动，比如乒乓球、健身操等，也能更多地鼓励人与人之间的交流。而在枯燥乏味千篇一律的写字楼办公空间中，由于快节奏和高效的工作要求，现代都市的白领们大多被割裂为一个个的“孤岛”，创造一个可以相互交流的公共空间就显得非常重要，公共空间所提供的由人共同存在而产生的公共交往行为是维系不同层次社会关系的重要纽带，人们由于公共交往而形成的公共领域作为私人领域的平衡机制是不可或缺的。公共空间可以帮助形成个体的归属感，这就好像为现代企业添加一剂润滑剂。

以往的室内装修从地面到墙体再到天花板，都把建筑给包裹了一遍，装修造成大量的噪声、粉尘和垃圾，管线暗藏的装修不方便日后的维护和检修，石材、软包等装饰材料的过度使用也造成不必要的浪费。我们应该更多地提倡环保节能的室内设计，这需要设计师把市场往正确的方向引导。

PRECOR
PRECOR

PRECOR

PRECOR

图书在版编目（CIP）数据

健身空间的设计 / CUN 寸匠，中国建筑与室内设计师网编．— 沈阳：辽宁科学技术出版社，2019.10
ISBN 978-7-5591-1247-7

Ⅰ．①健… Ⅱ．① C… ②中… Ⅲ．①体育馆－建筑设计 Ⅳ．① TU245

中国版本图书馆 CIP 数据核字 (2019) 第 154708 号

出版发行：辽宁科学技术出版社
（地址：沈阳市和平区十一纬路 25 号 邮编：110003）
印 刷 者：鹤山雅图仕印刷有限公司
经 销 者：各地新华书店
幅面尺寸：210mm×270mm
印　　张：20
插　　页：4
字　　数：230 千字
出版时间：2019 年 10 月第 1 版
印刷时间：2019 年 10 月第 1 次印刷
责任编辑：杜丙旭　张昊雪
封面设计：郭芷夷
版式设计：郭芷夷
责任校对：周　文

书　　号：ISBN 978-7-5591-1247-7
定　　价：268.00 元

联系电话：024-23280070
邮购热线：024-23284502
http://www.lnkj.com.cn